RAPPORT

Fait au nom de la première section du Jury du Concours régional de Toulouse (1), *chargée de décerner la prime d'honneur, par M.* Adrien Bonnet, *président de la Société d'Agriculture de la Gironde.*

L'agriculture, dans la Haute-Garonne, frappe par son caractère d'antiquité. On y rencontre souvent des champs où le blé n'a pas cessé d'alterner avec la jachère dans le cours des siècles écoulés depuis l'époque romaine. Le passé le plus reculé se perpétue encore dans l'assolement triennal et dans le mode d'exploitation du sol, soit par métayers, soit par maîtres-valets, estivandiers et solatiers.

Ces usages séculaires ont eu leur raison d'être. Dans un pays sans voies de communications faciles et rapides, sans commerce actif, sans capitaux accumulés, on devait restreindre la culture aux produits les plus indispensables, économiser les travaux, rechercher moins les produits riches que les produits à bon marché, rétribuer autant que possible les agents de la culture sur les produits de la culture, afin d'éviter les avances et les déboursés en argent.

Dans ces conditions, de grandes choses ont pourtant été faites. Cette vaste contrée, au sol souvent difficile, durci par

(1) La première section du jury était ainsi composée : M. Chambellant, inspecteur général de l'agriculture, président ; MM. d'Agos, lauréat de la prime d'honneur dans le département des Landes ; Adrien Bonnet, président de la Société d'agriculture de la Gironde ; J. de Carayon La Tour, lauréat de la prime d'honneur dans le département de la Gironde ; Alfred de La Vergne, de Pocyniro (Gers) ; Ernest Lefèvre, directeur de la ferme-école de Royat, lauréat de la prime d'honneur dans le département de l'Ariége ; de Navailles, au château de Dumes (Landes) ; vicomte d'Auber de Peyrelongue, à Marmande (Lot-et-Garonne) ; Sers, président de la Société d'agriculture de Pau ; le Sénéchal, inspecteur général adjoint, secrétaire.

la sécheresse, exposé aux ravages fréquents de la grêle et des orages et aux effets tour à tour violents et énervants du vent d'*autan*, a été défrichée dans toutes ses parties, et, depuis bien longtemps déjà, ne renferme plus de terres incultes. Des procédés énergiques, comme celui des défoncements périodiques, sont entrés dans les habitudes de la culture. Enfin, les soins prolongés des agriculteurs, aidant la nature, ont fixé et conservé ces vieux types animaux, les races garonnaise et gasconne dans l'espèce bovine, et dans l'espèce ovine, la race lauraguaise, plus locale encore, précieuses richesses dont on apprécie de plus en plus l'importance.

Mais les circonstances au milieu desquelles s'étaient établis et avaient duré ce régime traditionnel de la culture et cette antique organisation du travail agricole, ont cessé d'exister. Déjà, sous l'ancienne monarchie, la création du canal des deux mers et les travaux publics ordonnés par les États du Languedoc avaient ouvert la voie au commerce. A la fin du dernier siècle, le pays était prêt pour un mouvement agricole qui commençait à se prononcer. Arrêté par la révolution, ralenti par la guerre, ce mouvement a repris au retour de la paix et n'a cessé de s'accélérer jusqu'à ce jour.

La création des routes départementales, des chemins vicinaux, des chemins de fer du midi, en dernier lieu le nouveau régime commercial inauguré par les traités de commerce, ont ouvert les plus larges débouchés. Les blés, les maïs, les farines, les bestiaux de la Haute-Garonne arrivent sur tous les marchés de France, sur ceux de l'Angleterre et des colonies; ses fourrages même viennent en aide au Bas-Languedoc envahi par les vignes; ses vins, autrefois consommés dans la province, sont entrés dans le rayon d'approvisionnement du port de Bordeaux, qui leur ouvre le marché universel.

Sous ces influences de plus en plus actives, l'agriculture a commencé à modifier ses procédés et ses produits. Les signes de ce changement ont été : l'extension des fourrages, la diminution de la jachère morte, l'augmentation et l'amélioration du bétail, le développement de la vigne, et l'apparition du fermage dans les contrées les plus riches et les plus fertiles.

Cette marche a été lente comme la formation de la richesse elle-même, mais l'écoulement avantageux des produits, favorisé par une consommation plus étendue et par un commerce plus libre et plus actif, produira l'accumulation des capitaux, sans lesquels le progrès agricole ne peut s'accomplir.

On verra alors se poursuivre et s'achever la transformation commencée sur quelques points. Une succession de cultures bien étudiée préviendra l'épuisement du sol résultant de l'abus des céréales; le matériel agricole, encore si insuffisant et si incomplet, s'enrichira des instruments nécessaires pour donner des labours plus puissants, des façons plus rapides et plus parfaites; les conditions de la main-d'œuvre, qui semblent trop souvent désintéresser des perfectionnements de la culture le propriétaire et l'ouvrier, se modifieront à leur commun avantage; enfin, les industries particulières et les travaux publics, qui viennent en aide à l'agriculture, se développeront de plus en plus. Déjà, sous nos yeux, on a entrepris de tirer un parti industriel du maïs, et de donner ainsi une valeur nouvelle à l'une des productions les plus considérables du pays. Bientôt, de grands travaux, depuis longtemps étudiés et attendus, porteront dans de vastes plaines des eaux fertilisantes, et promettent, sous ce climat, les plus heureux effets.

En attendant que ces conditions matérielles se réalisent, le plus vif intérêt pour le progrès rural se manifeste dans les esprits. Nulle part la carrière agricole n'est placée plus haut dans la considération publique. Dans cette grande ville intelligente et littéraire, la plume et la parole ne manquent jamais à la cause de l'agriculture. Toutes les idées nouvelles ont ici leur retentissement. Une Société d'agriculture, depuis longtemps le centre de discussions pratiques et de travaux distingués, une École vétérinaire, foyer de science et d'étude, des cours publics qui mettent les meilleurs principes à la portée de tous les esprits cultivés, une presse toujours au courant de la marche des faits et des mouvements de l'opinion, éclairent toutes les questions, et agitent tous les problèmes.

Ce travail des intelligences marche d'un pas plus rapide que la pratique agricole. Mais des hommes d'initiative, agissant par l'exemple, cherchent à appliquer les idées et à mettre d'accord la pensée et l'action. Plusieurs d'entre eux ont pris part à ce concours. Leurs efforts, leurs travaux, leurs succès, vont passer sous nos yeux dans la revue rapide que nous devons faire des domaines pour apprécier les titres des concurrents.

M. Namartre, *à Mauvezin.* — M. Namartre possède, depuis 1847, un domaine de 112 hectares dans la commune de Mauvezin, canton de l'Isle-en-Dodon, arrondissement de Saint-Gaudens. Le sol, divisé en 86 hectares de terres arables, 20 de prairies naturelles, 4 de vignes et 2 de bois, est cultivé par des maîtres-valets sous la direction du propriétaire; il est de nature calcaire ou argilo-calcaire, à sous-sol marneux et peu perméable, d'une bonne fertilité et d'une configuration très-accidentée. Le pays, éloigné des villes, des voies navigables et des chemins de fer, rendu peu accessible par des routes détestables, n'a qu'une population clair-semée, et fournit une main-d'œuvre rare, quoique peu chère.

M. Namartre cultive d'après les usages du pays; il suit l'assolement triennal : blé, maïs, jachère, avec adjonction, sur cette dernière sole, de fourrages et d'une petite étendue de pommes de terre. L'état de ces diverses récoltes a paru assez satisfaisant.

Les revenus proviennent des céréales et du bétail. Seize bœufs de travail, seize vaches et trente-six bœufs d'élève, tous de la race gasconne, un troupeau de la race lauraguaise accidentellement réduit à soixante têtes, mais qui en compte habituellement une centaine, quinze mules ou mulets d'élève, vingt porcs nourris à moitié sur les métairies, trois chevaux de service, constituent la population animale dont l'état général est bon. Les prairies naturelles, qui sont de bonne qualité, la luzerne, le sainfoin, le trèfle mêlé de sainfoin, qui occupent une partie de la jachère, fournissent une nourriture suffisante pour ce nombreux bétail.

Les bois n'ont aucune importance. Les vignes de plantation ancienne fournissent à peine le vin nécessaire à la consommation du domaine.

Il faut signaler comme amélioration foncière le drainage partiel de 40 hectares, soit par des tuyaux, soit surtout par des pierres provenant du défoncement du sol.

Les bâtiments ont donné lieu à des travaux qui paraissent menés avec une grande lenteur : des métairies commencées lors de la visite de 1860 ne sont pas encore terminées. Un vaste bâtiment destiné aux besoins de l'exploitation centrale et à la conservation des récoltes est en voie de construction.

Les fumiers, recueillis dans des trous creusés en terre, n'y reçoivent aucun soin particulier. Le matériel de travail comprend des charrues Rouquet et les autres instruments du pays.

Le personnel se compose d'un régisseur et de six maîtres-valets; ces derniers occupent des logements passables, reçoivent un gage fixe en blé et maïs, quelques terres pour cultiver des légumes, et ont droit à la moitié des maïs, des porcs et du bénéfice du troupeau, au quart des profits du bétail. Les rapports entre le propriétaire et les ouvriers paraissent excellents.

Les résultats de l'exploitation ne sont pas constatés par une comptabilité régulière; le propriétaire les retrouve, au besoin, dans un livre de notes qui fixent ses souvenirs personnels. Avant 1847, le domaine, soumis à l'assolement biennal, produisait à peine assez de blé pour l'exploitation; aujourd'hui il est vendu des quantités importantes de blé et maïs. D'après les appréciations de M. Namartre, on peut évaluer le produit brut à 14,400 fr., les frais à 4,400 fr., le revenu net à 10,000 fr.

Une administration économe, laborieuse sans initiative, une vie agricole active et simple, une terre fertile donnant sans efforts excessifs des produits assez abondants, constituent une situation dont l'ensemble est digne de sympathie sans mériter de récompense.

M. TÉQUI, *à Cintegabelle.* — M. Téqui exploite comme propriétaire le domaine de Cadeaux-d'en-haut, commune et canton de Cintegabelle, arrondissement de Muret.

Ce domaine, situé sur les coteaux du Lauraguais qui dominent la plaine de l'Ariége, présente des pentes rapides et nombreuses, un sol argilo-calcaire et argilo-siliceux ; il contient 52 hectares, dont 35 en terres arables, 15 en prés, le reste en vignes, bois, bâtiments et cours.

Le but de l'exploitation est principalement la production des céréales; aussi l'assolement triennal est-il suivi, la sole de jachère étant consacrée en partie aux racines et aux prairies artificielles.

Lors de la visite, le blé et l'avoine occupaient 14 hectares; l'état de cette récolte principale était inégal et en tout passable; les maïs cultivés à moitié étaient bons; 2 hectares 24 de pommes de terre et de betteraves, 6 hectares 74 de luzerne et de sainfoin mêlé de trèfle et de vesces, offraient aussi un aspect satisfaisant. Les prés sont de bonne nature et convenablement tenus.

Les bâtiments sont en général vieux, mais assez bien appropriés à leur destination. Le fumier, placé sous un hangar, est quelquefois stratifié avec de la chaux, mais il ne peut être arrosé avec le purin qui n'est pas recueilli. Les instruments sont ceux habituellement employés dans le pays. La moisson est faite à la grande faux, le battage au rouleau de pierre.

Huit bœufs de travail, cinq vaches, quatre élèves des races gasconne et carolaise, un cheval de service et deux poulains, soixante bêtes ovines de la race lauraguaise, quatre porcs à moitié chez les maîtres-valets, sont entretenus en bon état et ont été bien choisis. On peut signaler dans leur alimentation l'emploi de la paille hachée.

L'amendement des terres non calcaires par la marne a été effectué partiellement sur 18 hectares.

Le défoncement d'une partie des terres a été exécuté à bras par les ouvriers du pays, moyennant l'abandon à leur profit d'une proportion déterminée de la première récolte faite après cette opération. Le drainage a partiellement assaini les bas-fonds, supprimé les naissants d'eau, et fourni l'eau nécessaire pour établir un lavoir.

L'ensemble de l'exploitation, tout en rappelant les conditions ordinaires du pays, s'élève à un niveau supérieur, grâce aux effets du défoncement, du drainage et des soins attentifs de la culture.

Les résultats sont rémunérateurs : d'après les déclarations de M. Téqui, le rendement du blé atteint 28 hectolitres à l'hectare, celui de l'avoine environ 30 hectolitres, et le revenu net s'élève à 6 ou 7,000 fr. Aucune comptabilité particulière ne permet de contrôler ces évaluations.

M. Téqui cultive avec soin et avec profit, mais rien dans son exploitation ne mérite d'être signalé par une récompense.

M. G. FOUQUE, *à Cintegabelle.* — M. G. Fouque, de Toulouse, a acheté, en 1850, le domaine de Rieumajou, commune de Cintegabelle, et il l'exploite depuis cette époque par régisseur, maîtres-valets et estivandiers.

Rieumajou occupe toutes les pentes d'un mamelon assez escarpé qui domine Cintegabelle. Le sol est argilo-calcaire et argilo-siliceux; la fertilité, comme celle de tous les coteaux environnants, est bonne et favorise surtout la production des céréales.

Sur une étendue totale de 56 hectares, le sol arable occupe 40 hectares. On trouve, surtout sur les costières et sur les escarpements, 11 hectares de bois taillis, exploités à quatorze ans et livrés à la dépaissance à la quatrième feuille. Les vignes, réparées ou plantées par M. Fouque, sont travaillées avec la charrue tourne-oreille. L'étendue des prés naturels ne dépasse pas 2 hectares 50, sur des terrains secs. Dans les terres arables, le blé, sur 15 hectares, était en assez bon état, bien que la propreté du sol, sur quelques points, ne fût pas suffisante; les maïs, qui sont buttés à la main, étaient assez bons; les fourrages, comprenant 8 hectares de sainfoin mélangé de trèfle et 2 hectares de luzerne, avaient bonne apparence; les betteraves occupaient 1 hectare, les pommes de terre 60 ares, et une culture de lin, bien faite, 30 ares.

Le revenu du domaine dépend essentiellement de la vente des céréales. D'après un tableau présenté par M. Fouque, le rendement moyen des blés, dans les huit dernières années, a été de 8 hectolitres 11 pour 1 de semence. On prélève sur la récolte du blé la semence, qui est de 28 hectolitres, et environ 40 hectolitres pour rétribuer en nature les agents de l'exploitation; le reste est vendu. Le maïs est fait à moitié; la part du propriétaire est aussi soumise à un prélèvement pour gages en nature, et ce qui reste est également vendu.

La moisson est faite à la grande faux, et le battage au rouleau de pierre suivi d'un traîneau de fonte. Les gerbes sont rentrées dans de vastes granges et les grains dans un excellent grenier.

On trouve sur le domaine : dix bœufs et deux vaches de travail, quatre bœufs d'élève et une génisse, de la race gasconne, trois juments servant au travail et à la reproduction, un poulain, quarante-cinq brebis, cinq porcs, deux mules et mulets. On voit que, si la force vivante est très-considérable, eu égard à l'étendue des terres, la spéculation sur le bétail a bien peu d'importance.

Les bâtiments destinés à loger ces animaux sont bien entendus et bien tenus; la bergerie est habilement disposée. Toutes les constructions des métairies sont également en bon état.

Les fumiers des étables passent dans la bergerie et sont ensuite portés directement sur les terres; on ajoute chaque semaine une charretée de fumier apporté de Toulouse à celui qui est produit sur le domaine.

Le plâtre est employé à la quantité de 150 quintaux par année; la marne, extraite du sous-sol, a été mélangée avec succès à presque toutes les terres.

Le domaine a reçu des améliorations foncières persévérantes. Le chemin qui monte à Rieumajou a été rétabli, par les soins et aux frais de M. Fouque, sur une étendue de 2,800 mètres. Cet important travail n'a pas coûté moins de 6,428 fr. D'autres chemins intérieurs ont été créés et bien entretenus. Le drainage tubulaire, pratiqué sur tous les points où il a paru nécessaire, comprend aujourd'hui

24,800 mètres de tranchées. Une partie des eaux du drainage est reçue dans des bassins construits avec soin et qui servent d'abreuvoirs.

Les travaux d'utilité permanente ont coûté 14,000 fr. et portent à 95,000 fr. le prix de revient du domaine.

Les dépenses et les recettes sont inscrites sur un livre tenu par le régisseur ; il n'est pas dressé d'inventaires.

M. Fouque produit un état résumé de ses recettes et de ses dépenses, duquel ressort un revenu moyen de 7,200 fr. pour les huit dernières années et un revenu de 8,200 fr. pour l'année 1866. La comparaison des inventaires pourrait modifier ces résultats. Nous remarquons aussi que la moyenne des prix des blés vendus pendant ces huit années a été de 22 fr. 25 l'hectolitre, ce qui prouve que M. Fouque sait habilement tirer parti des produits de sa terre.

Dans cette exploitation fructueuse, M. Fouque signale l'utile concours qu'il doit à l'intelligence et au dévouement du sieur Boby, son régisseur ; il se loue aussi du fils de ce dernier ; mais il doit assurément le succès de son entreprise à la part personnelle qu'il y a prise, à la prudence et à l'activité dont il a fait preuve, et à l'aptitude pratique d'un esprit formé par les habitudes du commerce. En rendant ainsi justice à M. Fouque, nous ne pouvons pas cependant constater à Rieumajou une de ces conceptions remarquables ou un de ces résultats exceptionnels qui pourrait appeler sur ce domaine une de nos récompenses.

M. Du Puy Montbrun, *à Balma*. — M. Du Puy Montbrun a acheté en 1856 le domaine de Durand-Bourguignon, communes de Flourens et Balma, canton sud de Toulouse ; une acquisition postérieure a porté ce domaine à sa contenance actuelle de 77 hectares.

M. Du Puy Montbrun avait remarqué qu'une grande quantité de matières fertilisantes étaient perdues dans la ville et dans la banlieue de Toulouse, malgré les conseils de la science moderne. Il pensa que la proximité de ses terres lui permettrait d'utiliser ces engrais négligés, et entreprit d'après cette idée une exploitation en dehors des règles ordinaires de la culture. Le cheptel dut être réduit aux animaux indispensables pour donner une force motrice suffisante; la culture fourragère dut être restreinte aux besoins de l'alimentation de ces quelques animaux; enfin la presque totalité des terres, préparée pour une culture intensive par d'énergiques travaux d'amélioration foncière, largement approvisionnée d'engrais industriels de compositions calculées, dut être livrée aux cultures commerciales à haut rendement.

Ce plan était bien lié; il reposait, dans l'esprit de M. Du Puy Montbrun, sur des convictions très-arrêtées; mais il n'est pas possible de dissimuler que les efforts persistants tentés pour le réaliser n'ont pas encore donné un résultat satisfaisant.

Le mémoire de M. Du Puy Montbrun, écrit avec une parfaite bonne foi et une confiance obstinée dans ses idées favorites, est l'histoire de ses mécomptes et de ses déceptions. L'aspect des champs et des récoltes prouve que le but marqué à cette entreprise est encore loin d'être atteint.

Les terres du domaine s'étendent dans une plaine traversée par un ruisseau; elles offrent des pentes très-modérées, forment un seul tenant, et sont de nature argilo-siliceuse avec un sous-sol marneux ou argileux, mais presque toujours imperméable.

Le premier travail entrepris fut le drainage. Le service hydraulique des ponts-et-chaussées a fait une étude très-complète du drainage de tout le domaine, mais le plan des ingénieurs n'a pas été suivi dans l'exécution. Trente hectares seulement ont reçu des drains, à espacements variables, quelquefois à 10 mètres, plus souvent à 20 mètres, avec l'idée de doubler plus tard les lignes si le besoin s'en faisait sentir. Les prévisions de dépense ont été largement dépassées; le prix de l'opération pour chaque hectare n'est jamais descendu au-dessous de 250 fr. et a atteint quelquefois 420 fr.

Le défoncement devait compléter la préparation des terres. Cette amélioration a été exécutée sur une partie des champs qui la réclamaient; tantôt sur toute l'étendue des pièces de terre, tantôt par planches alternant avec des planches non défoncées; quelquefois au moyen de diverses charrues, et notamment de la charrue Bonnet, dont l'emploi a rencontré tant de difficultés qu'il n'a pas procuré d'économie, d'autres fois par les outils à bras, dans les conditions ordinaires du pays.

L'utilisation des matières diverses achetées à Toulouse, produits liquides des fosses d'aisance, sang et débris des abattoirs, chaux du gaz, résidus de stéarinerie, os brisés ou dissous dans l'acide sulfurique, phosphates fossiles, etc., avait été la cause première de l'entreprise agricole de M. Du Puy Montbrun; elle devint pour lui une source abondante d'ennuis et de déceptions. Les voisins réclamaient contre des émanations qu'ils prétendaient insalubres ou incommodes; les ouvriers montraient de la répugnance pour les maniements qui leur étaient prescrits; la police intervenait pour imposer mille obligations gênantes; les agriculteurs refusaient d'entrer dans la voie où les appelait M. Du Puy Montbrun, et laissaient sans débouché une usine qu'il avait créée pour la préparation des engrais industriels; enfin, le sol lui-même se montrait rebelle, tantôt l'argile absorbait les plus riches éléments sans les communiquer aux plantes, tantôt les pailles seules paraissaient profiter de la nourriture abondante offerte aux céréales, tantôt la végétation parasite s'emparait avidement des substances incorporées au sol et y trouvait le point de départ d'un développement envahissant.

Sans se rebuter, M. Du Puy Montbrun poursuivait et poursuit encore ses recherches et ses essais, espérant toujours arriver à des combinaisons sûres et économiques pour transformer en produits agricoles des matières considérées comme sans utilité et sans valeur.

Une grande quantité de machines et d'instruments les plus perfectionnés ont été introduits et essayés sur le domaine; mais la mauvaise volonté, l'entêtement des ouvriers ont ramené, de concession en concession, à l'usage habituel des instruments de la localité.

L'état des récoltes à Durand-Bourguignon indique une culture qui n'est pas suffisamment sûre de ses moyens et maîtresse de ses résultats. Nous avons vu des récoltes sarclées médiocres, des blés dans un état fort inégal, infestés de folle avoine sur plusieurs points, ailleurs plus propres et bien nourris, des maïs pour grains cultivés à moitié mal préparés, des trèfles en partie passables, en partie envahis par une végétation parasite, du lin cultivé à moitié en bon état.

Nous n'avons examiné ni les bâtiments que le propriétaire représente comme vieux et à reconstruire, ni le bétail, qui se borne à peu près aux animaux nécessaires pour le travail du domaine.

La comptabilité est incomplète, quoiqu'elle se compose de nombreux documents. Les résultats de l'exploitation n'ont pas encore été rémunérateurs; cependant M. Du Puy Montbrun constate un progrès dans le produit des récoltes et dans le chiffre des revenus. Le rendement de la dernière moisson a dépassé ce que semblait annoncer l'état d'une partie des champs, il a été de plus de vingt-deux hectolitres à l'hectare, remboursant ainsi avec usure les avances en engrais industriels faites aux terres.

L'ardeur persévérante de M. Du Puy Montbrun, ses études consciencieuses, son dévouement au progrès, sa constance dans une entreprise qui a si souvent trompé ses efforts et ses espérances, commandent la sympathie et l'estime; s'il sait acquérir sur ses ouvriers une autorité morale suffisante pour faire accepter et exécuter sa volonté, s'il apporte dans les détails pratiques de la culture le même soin que dans ses recherches spéciales, le succès pourra couronner son entreprise.

M. Boquet, *à Tournefeuille.* — M. Boquet exploite comme propriétaire les trois domaines de Tournefeuille, du Marquisat et de Belbèze, situés dans la vallée du Touch, à peu de distance de Toulouse, formés de pièces détachées, et comprenant ensemble 100 hectares.

Le sol et le sous-sol sont siliceux, souvent graveleux; l'argile s'y montre aussi dans des proportions variables. Les voies de communication et d'exploitation sont très-bonnes; le voisinage de la ville offre un débouché facile à tous les produits. La main-d'œuvre ne manque pas, et elle n'est point coûteuse, car M. Boquet déclare que le salaire d'un journalier est, en outre d'une bouteille de vin, de 1 fr. 25 pendant les trois-quarts de l'année, de 1 fr. 50 pendant l'été, et de 1 fr. 75 pour les fauches.

M. Boquet dirige en personne, depuis dix ans, son exploitation; il est le chef actif et toujours présent d'un personnel composé de chefs d'emploi, contre-maîtres, jardiniers, chef-ouvrier, porchères, berger et journaliers.

Les revenus sont fournis par les vins, les alcools, les céréales, les légumes, la vente des reproducteurs des espèces bovine, ovine et porcine, la laine, la vente d'animaux gras, le débit de la viande de porc. La visite du domaine nous a fait connaître les moyens employés pour obtenir ces divers produits.

Les vignes, à Tournefeuille et au Marquisat qu'elles constituent presque en entier, comprennent 45 hectares. Nous les avons vues dans un état de propreté recherchée, plantées et conduites d'après les usages du pays, cultivées à bras, et peuplées des cépages de la contrée. Les bâtiments destinés à l'exploitation du vignoble sont vastes et très-bien tenus. La fabrication du vin est l'objet de soins bien entendus; c'est ainsi que tous les raisins altérés ou d'une maturité imparfaite sont mis de côté pour être distillés directement avec les phlegmes de la distillerie.

La distillerie, récemment établie, est très-bien montée; elle peut également travailler les grains, blés, seigles ou maïs, et les pommes de terre ou autres racines; elle est munie d'un appareil à rectifier, et produit de l'alcool de bon goût; mais la force de l'appareil est loin d'être utilisée tout entière. Au fond, la spéculation elle-même, dans les conditions locales, ne semble pas devoir être lucrative; M. Boquet en convient, mais il croit retrouver un bénéfice suffisant dans l'emploi économique et avantageux des résidus pour la nourriture et l'engraissement du bétail. Il paraît difficile que l'accessoire devienne ainsi le principal, et même qu'un travail continu puisse fournir des ressources alimentaires régulières.

Les terres arables occupent 43 hectares; elles ne sont pas soumises à un assolement fixe et régulier; M. Boquet pratique, selon ses expressions, un assolement de circonstances. A Belbèze, on fait habituellement succéder le blé aux racines, et on le fait suivre d'une avoine ou d'une orge avec navets en culture dérobée. Les blés que nous avons vus à Tournefeuille étaient beaux, ils l'étaient moins à Belbèze où l'ensemble de la culture paraît plus négligé.

Les prés naturels, qui s'étendent sur 12 hectares, laissent à désirer au point de vue de l'assainissement et du nivellement.

Les fourrages artificiels sont, au contraire, généralement très-bons, quelques-uns même très-remarquables, grâce aux irrigations fertilisantes qu'ils reçoivent. Sur plusieurs points du domaine, M. Boquet a fait établir de vastes bassins de maçonnerie parfaitement étanches; il y fait porter les fumiers de ses étables; l'eau de puits creusés auprès de ces bassins y est versée par des norias, et s'écoule ensuite dans des rigoles conduites dans les champs voisins. L'application de ce système a donné des résultats qui frappent les yeux, mais il occasionne de grosses dépenses d'installation et de fonctionnement, pour la construction des bassins, le creusement des puits, l'établissement des norias, le double transport des fumiers et la marche des norias. Il semble aussi que les eaux, ne séjournant pas dans les bassins, sortant souvent presque au même point où elles entrent, ne peuvent guère se charger des dissolutions du fumier. Quoi qu'il en soit, nous avons vu des fourrages, des ray-grass surtout qui paraissaient devoir à ces pratiques un beau développement. Ce coûteux système paraît plus approprié à des cultures de vente. Nous avons vu des champs maraîchers fort étendus et dans un état splendide; ils étaient couverts de racines, de légumes, et surtout d'oignons et de tomates. M. Boquet en tire un très-bon parti par la vente en primeur sur le marché de Toulouse, mais il nous a dit les employer aussi avec le plus grand succès pour la nourriture du bétail d'élève et d'engraissement.

La spéculation sur les animaux est dominante sur le domaine; elle est extrêmement variée et remarquable dans ses procédés. Le troupeau de Belbèze contient quatre-vingt-six bêtes, dont vingt-trois béliers, des races south-down, lauraguaise, mérinos, pures et croisées entre elles. La diversité des âges et des races fournit de nombreux sujets reproducteurs pour toutes les catégories des programmes des concours, et pour satisfaire les besoins ou les caprices des propriétaires de troupeaux. L'espèce bovine est magnifiquement représentée à Tournefeuille, dans des étables vastes et saines, par vingt-deux vaches et onze jeunes taureaux ou élèves, des races gasconne, garonnaise, hollandaise, durham, pures ou croisées entres elle. Tous ces animaux sont d'un choix remarquable et tenus dans un état superbe; les nombreuses récompenses qu'ils ont obtenues dans les concours ont souvent témoigné de leur mérite exceptionnel. L'espèce porcine donne lieu surtout à un mouvement commercial extrêmement actif. La porcherie, composée de loges établies autour d'une grande cour dans laquelle sont établies les mangeoires, ne comptait pas moins de cinq cent onze sujets, parmi lesquels un très-grand nombre de cochons de lait, appartenant soit aux races anglaises les plus perfectionnées, soit à la race craonnaise, et pour le plus grand nombre à des croisements. Un grand nombre de jeunes élèves sont vendus avantageusement comme reproducteurs, le reste sert à alimenter une charcuterie que M. Boquet a établie à Toulouse pour la vente journalière au détail de la viande et de la graisse de ses animaux.

La comptabilité de M. Boquet, tenue avec une grande régularité, accuse une différence de plus de 40.000 fr. entre le chiffre de son avoir agricole au 31 décembre 1865, et ce même total au 31 décembre 1866. L'excédant des recettes sur les dépenses entre dans ce résultat pour 5,440 fr.; le reste provient de l'augmentation de l'inventaire, suivant les prix d'estimation.

Beaucoup de choses frappent vivement chez M. Boquet; quelques-unes, comme la tenue du bétail, satisfont complètement, d'autres étonnent sans qu'on puisse se rendre suffisamment compte de leur raison d'être au point de vue économique. Les concours régionaux ont donné à M. Boquet et lui réservent encore sans doute les récompenses que méritent les nombreux sujets d'élite d'espèces et de races diverses qu'il sait si habilement préparer; mais le jury de la prime d'honneur, tout en rendant justice sur bien des points à ses travaux, ne croit pas devoir demander pour lui une récompense spéciale. L'ensemble de la conception agricole de concurrent a un caractère trop individuel pour être prop en exemple ; les résultats qu'il a obtenus tiennent trop à causes diverses en dehors des circonstances ordinaires de culture, pour qu'on doive signaler aux cultivateurs la v qu'il suit comme celle dans laquelle ils doivent s'engager.

M. LE MARÉCHAL NIEL, *à Balma.* — M. le maréchal Ni tenu à honneur de figurer dans ce concours ; c'est un acte déférence et de sympathie dont les agriculteurs lui saur gré. L'œuvre qu'il a voulu mettre sous les yeux du jury inspirée par les sentiments les plus élevés. En entrepren la création et l'exploitation d'un vaste domaine aux portes Toulouse, cet illustre homme de guerre a montré son aff tion et son dévouement pour sa terre natale ; il a prouvé u fois de plus, par l'autorité de son exemple, que les cham sont le plus noble et le plus utile délassement des fatigues la guerre et du pouvoir, et qu'après les plus éclatants se vices on peut encore s'honorer des travaux de l'agricultur

Le maréchal a acheté, en 1860, le domaine d'Aufréry, da la commune de Balma, à 7 kilomètres de Toulouse. Ce d maine comprenait alors 182 hectares ; quelques acquisitio postérieures le portèrent bientôt à sa contenance actuelle q est de 211 hectares.

Aufréry occupe toutes les pentes d'un coteau élevé qui d mine un vaste horizon. Le sol est argilo-calcaire, le sous-s marneux et imperméable. L'étendue de cette terre, sa fer lité assez bonne, la proximité de Toulouse, la beauté du si permettaient de faire à la fois d'Aufréry une belle residen et une grande exploitation ; mais il fallait pour cela des tr vaux considérables. M. le maréchal Niel les entreprit av ardeur, les poursuivit avec persévérance dans les momen qu'il pouvait dérober aux grandes charges dont il ét revêtu, et parvint ainsi, au bout de six ans, à atteindre de de grands résultats.

Les terres étaient cultivées selon les usages du pays ; ma le bétail étant insuffisant faute de fourrages, les fumur étaient avares, les récoltes maigres et le revenu pauvre.

Ces conditions défavorables de l'exploitation ont été profondément modifiées. L'assolement triennal a été conservé, mais un tiers de la sole du maïs a été consacré à l'esparcette ou au trèfle qui ne revient ainsi qu'au bout de neuf ans sur la même terre; de plus, on a donné de l'extension aux légumes ou plantes sarclées faits sur la sole de jachère.

Mais toutes les terres arables ne sont pas soumises à cet assolement; une partie, dont l'étendue atteint aujourd'hui le cinquième de l'ensemble, a été successivement, année par année, distraite de la culture ordinaire et semée en luzerne. Avant de recevoir cet ensemencement, chaque pièce de terre a été profondément défoncée après un bon labour, soit à la bêche, soit au moyen du grappin, puis émottée, hersée et fortement fumée. Par suite de ces travaux, nous avons pu voir 24 hectares de luzernes de divers âges, dans un état satisfaisant.

Les 96 hectares de terre arable en assolement contenaient : 1° 32 hectares de blé; 2° 19 hectares de maïs, 6 hectares de trèfle, 7 hectares qui avaient porté des vesces déjà récoltées au jour de la visite; 3° 1 hectare 12 de pommes de terre, 3 hectares de haricots, 1 hectare 24 de lin, 3 hectares de fèves, le reste en jachère morte. L'ensemble de ces récoltes nous a paru dans un bon état ordinaire.

Les prés naturels, d'une contenance de 11 hectares 94, sont en bon état. L'extension donnée aux fourrages a singulièrement augmenté les ressources alimentaires; aussi le bétail, qui ne se composait, en 1860, que de huit paires de bœufs et de deux chevaux, s'est accru chaque année et comptait en 1867 : neuf paires de bœufs, douze vaches dont deux laitières, onze jeunes bœufs, sept veaux ou génisses, huit juments poulinières, trois chevaux de travail, cent vingt-six bêtes à laine, sans parler des chevaux de luxe qui séjournent dans les écuries du château pendant la belle saison. Les animaux de l'espèce bovine sont de race gasconne et d'un bon choix; le troupeau appartient au type ordinaire de la race lauraguaise; tout le bétail est nourri et tenu convenablement.

Les fumiers sont recueillis, au château seulement, dans

une fosse bâtie avec réservoir à purin et pompe ; ils ne sont pas, dans les métairies, traités avec des soins suffisants.

Le plâtre est employé chaque année, sur les fourrages légumineux, à la dose de 500 kilog. par hectare.

Les vignes occupent 8 hectares 55 ; elles sont cultivées avec soin, d'après les usages locaux. Le vin est fait et conservé par de bons procédés ; aussi, il est d'une qualité fort appréciable.

Les bois couvrent 65 hectares 53. Une partie est conservée en haute futaie pour l'ornement de la terre. Depuis 1860, douze mille arbres ont été plantés surtout dans un but d'embellissement ; trois cents, âgés de quinze à dix-huit ans, ont été transplantés avec succès pour former des massifs, masquer certains aspects, ou ouvrir entre leurs groupes de riantes perspectives.

Le personnel de la culture se compose de maîtres-valets, estivandiers, rouliers et berger. Les maîtres-valets ont, outre leurs gages, la moitié du maïs et des récoltes jachères et le tiers des profits de grange ; les estivandiers ont aussi des maïs et légumes à moitié et le dixième des grains ; le berger a le huitième du troupeau. La direction et la surveillance journalières sont confiées à un régisseur, auquel le maréchal accorde, en sus de sa rémunération ordinaire en blé et en argent, le trentième du produit net, en dehors des coupes de bois.

L'outillage du domaine est suffisant pour la culture, mais n'offre rien à remarquer.

Une pièce de terre de 8 hectares, qui était fatiguée par les eaux, a été drainée avec succès, d'après les plans du service hydraulique des ponts-et-chaussées.

Des constructions considérables ont été faites. Un vaste château a été élevé sur le point culminant du coteau. L'ancien château a été converti en orangerie et en logement pour le régisseur. De vastes communs, sur une ancienne métairie transformée et agrandie, comprennent des écuries pour quinze chevaux de luxe et trois chevaux de travail, des boxes pour huit juments poulinières, une étable pour trois vaches laitières, des chais, des greniers à blé, un hangar à fourrages, des volières et chenils. Les métairies de Galli, de Sabatier et de Borde-Basse ont été réparées et déjà augmentées pour loger le surcroît de bétail introduit sur le domaine.

L'eau manquait souvent au château, dans la métairie qui y est contiguë, dans le potager; il fallait quelquefois aller la chercher, dans l'été, à la fontaine de Trinquetuille, distante de 1,200 mètres; des travaux bien conçus ont été exécutés, sur les plans du maréchal, pour obvier à ces graves inconvénients. Aujourd'hui toutes les eaux pluviales tombant sur les toitures sont reçues dans deux citernes bâties et voûtées, contenant ensemble 220 mètres cubes, et situées l'une dans la cour des communs, l'autre auprès du château. L'observation attentive des lieux, des sondages multipliés ont permis de capter tous les filets d'eau avoisinant les deux fontaines dites du Parc et des Faisans, et de tripler le débit de ces sources, dont les eaux sont emmagasinées dans des bassins voûtés. Celles de la fontaine du Parc, élevées par une pompe mue par un manége à cheval, sont envoyées dans le château. Celles de la fontaine des Faisans alimentent, au moyen d'une noria, un bassin dans le potager, et se déversent, en cas de sécheresse, dans un puits à noria anciennement établi dans le potager, et dans un autre puits qui sert au moulin et à la métairie de Sabatier. Tout ce système d'aménagement des eaux est combiné d'une manière très-ingénieuse, exécuté dans d'excellentes conditions de solidité et d'économie; soumis à l'épreuve de deux années de sécheresse, il a suffi à tous les besoins, donné à la résidence un agrément inappréciable et à l'exploitation un utile concours.

Sous l'influence des diverses améliorations introduites à Aufréry, la fertilité des terres a augmenté et les rendements se sont élevés; en 1866, le blé a donné 17 hectolitres à l'hectare, et l'avoine 35 hectolitres.

Les résultats économiques de la direction nouvelle imprimée au domaine sont sur le point de se réaliser. Ceux qui ont été obtenus jusqu'ici sont constatés par une comptabilité très-simple et tenue avec le plus grand ordre. Le régisseur tient des livres auxiliaires où sont inscrites, jour par jour, les recettes et les dépenses, les entrées et les sorties, les journées et leur emploi. Le maréchal s'est réservé la tenue d'un registre, curieux monument d'application personnelle, qui contient le résumé et la balance des comptes, et dans lequel tous les faits de l'exploitation sont exposés en détail, la marche des améliorations et des travaux réglée d'avance, avec un ordre parfait et une précision toute militaire.

Le capital engagé à Aufréry s'élevait, en 1867, à 512,000 fr. en y comprenant les dépenses auxquelles a donné lieu la construction du château. Les recettes annuelles, inférieures aux dépenses d'environ 7,000 fr. par an pendant les quatre premières années, les ont dépassées, au contraire, en 1865 de 4,677 fr. 45 c., en 1866 de 5,334 fr. 30 c.; en outre, ce dernier exercice a légué au suivant une partie des récoltes invendues dont le produit s'est élevé à 9,160 fr., soit en tout, pour l'année 1866, un produit de 14,494 fr. 30 c.

Ces revenus continueront à s'élever graduellement jusqu'au moment peu éloigné où ils correspondront aux avances intelligentes faites pour organiser le domaine et constitueront une entreprise achevée et lucrative.

C'est alors seulement qu'il sera permis, dans un concours comme celui de la prime d'honneur, d'attacher une récompense au plan adopté et aux travaux exécutés à Aufréry. Dans les circonstances présentes, on doit se borner à reconnaître et à signaler la pensée utile qui a inspiré l'entreprise, l'esprit sagement progressif qui l'a dirigée, et à saluer l'espérance des résultats prochains qui viendront la couronner.

M. Roques, *à Cransac.* — M. Médard Roques, à Cransac par Fronton, n'a pas présenté une exploitation au concours, il a désiré seulement appeler l'attention du jury sur la comptabilité du domaine qu'il dirige et sur la méthode dont cette comptabilité est une application pratique.

M. Roques, ancien élève de la ferme-école de Bazin, a d'abord été appelé à gérer un domaine de moyenne importance. Il fut alors frappé de cette idée que les divers systèmes de comptabilité enseignés par les auteurs ne sont guère applicables à la moyenne culture, dans laquelle le chef d'exploitation est obligé de tout diriger par lui-même et n'a pas beaucoup de temps à consacrer à la tenue de ses livres. Pour échapper à cette difficulté, il commença à faire usage de cahiers tracés et divisés de manière à former des cadres où tous les faits de l'exploitation pouvaient facilement trouver leur place par de courtes mentions journalières.

Plus tard, M. Roques devint agent comptable spécial sur un vaste domaine, et l'expérience d'une grande administration éprouva et perfectionna ses premières idées.

Appelé depuis quelque temps à faire valoir le domaine de Cransac en régie intéressée, M. Roques a fait une nouvelle application de sa méthode. Il a pu présenter au jury les livres ouverts d'après son plan, indiquer la marche qu'il comptait suivre, et faire connaître le commencement d'exécution donné à sa manière de comprendre la comptabilité de son entreprise.

Le jury a été satisfait des explications de M. Roques. Il a trouvé dans ses livres le tableau exact et méthodique des faits de la culture, et il a apprécié la vive clarté que ces écritures peu compliquées jettent sur la marche de l'exploitation.

M. Roques emploie les livres suivants :

1° Un livre de caisse sur lequel sont inscrites, jour par jour, les dépenses et les recettes en argent ;

2° Un livre d'inventaires, sur lequel, au commencement de chaque année, est portée la nomenclature complète avec évaluations en argent de tous les objets, machines, instruments, animaux, provisions, récoltes en magasin, etc., existant à cette époque ;

3° Un livre intitulé : « Journal d'intérieur et analytique des travaux et des faits. » Chaque page de ce registre est divisée en quatorze colonnes portant les titres suivants : 1, date ; 2, météorologie ; 3, nature des travaux ; 4, désignation des pièces ; 5, numéro des ouvriers ; 6, journaliers ; 7, employés ; 8, tâcherons ; 9, attelages ; 10, engrais ; 11, amendements ; 12, récoltes ; 13, consommation des animaux ; 14, observations. Plusieurs de ces colonnes sont elles-mêmes subdivisées ; celles relatives aux ouvriers, en : hommes, prix ; femmes, prix ; — celle des attelages, en : bœufs, prix ; chevaux, prix ; — celle des engrais, en : engrais de ferme, engrais étrangers ; — celle des récoltes, en : entrées, sorties ; etc.

Une ligne est consacrée à chaque fait de l'exploitation et reçoit, selon les cas, une ou plusieurs mentions dans une ou plusieurs des colonnes. Tout ce qui ne rentre pas dans le cadre des treize premières colonnes, prix convenus, prix courants, saillies, mises-bas, notes diverses, trouve sa place dans la colonne des observations.

4° Un registre spécialement disposé à cet effet reçoit chaque mois le relevé par nature de comptes du livre précédent et du livre de caisse.

5° Le grand-livre contient tous les comptes ouverts dans l'exploitation, et s'établit à la fin de chaque année par le relevé du registre précédent.

6° Enfin, des livres auxiliaires, suivant les circonstances spéciales à chaque domaine, sont destinés à la constatation détaillée de faits du même ordre, comme par exemple la production journalière et individuelle du lait dans une vacherie.

« Avec quatre ou cinq minutes chaque soir, une demi-journée à la fin du mois et deux journées à la fin de l'année, dit M. Roques, je tiens une comptabilité presque entièrement composée de chiffres, ce qui la simplifie considérablement et en rend la vérification plus facile, tout en conservant toute la clarté nécessaire. »

Plusieurs agriculteurs voisins de M. Roques ont adopté son système de comptabilité et y ont trouvé un grand secours pour se rendre compte de leurs affaires.

M. Roques a fait imprimer le *journal analytique des faits et des travaux* et le *cahier des relevés mensuels*, mettant ainsi à la portée des propriétaires d'excellents moyens pour faciliter un travail utile.

La direction que M. Roques a donnée à ses études mérite d'autant plus d'être encouragée, que le précieux concours d'une bonne comptabilité est plus généralement négligé. Dans le plus grand nombre des domaines, un seul livre est tenu, le livre de caisse, et encore trop souvent il n'est pas spécial à l'exploitation agricole et comprend toutes les recettes et toutes les dépenses, sans distinction, faites par le propriétaire. Ce livre de caisse, plus ou moins spécial, quelques notes sur les quantités des récoltes et les marchés faits, voilà toute la comptabilité généralement usitée.

Un livre d'inventaires n'est pourtant pas moins nécessaire, car souvent, quand d'une année à l'autre la valeur des cheptels, des provisions en réserve et des récoltes en magasin a beaucoup changé, la différence entre les recettes et les dépenses ne donne pas la moindre idée des vrais résultats de l'exploitation.

Avec un livre de caisse spécial et des inventaires fidèles, on peut se rendre un compte exact du résultat de chaque année. Mais cette vue d'ensemble ne suffit pas; pour s'éclairer sur les causes des bons ou des mauvais succès, il faut savoir comment chaque branche de l'exploitation contribue à cet ensemble. Un ou plusieurs livres où sont notés jour par jour tous les faits intérieurs, un grand-livre dans lequel tous les éléments recueillis dans les écritures viennent se classer dans un certain nombre de comptes particuliers, sont nécessaires pour éclairer la marche de l'agriculteur, lui montrer le fort et le faible de son entreprise, et lui indiquer sûrement les spéculations qu'il faut restreindre ou supprimer, et celles qui méritent d'être développées.

L'expérience la plus pratique, le coup-d'œil le plus sûr peuvent encore trouver un utile secours dans la précision et dans la rigueur des chiffres. Les agriculteurs qui ont fait leur fortune sans écritures, l'auraient quelquefois faite plus rapide et plus grande avec une bonne comptabilité, et souvent d'autres auraient pu être sauvés de la ruine, si des livres bien tenus les avaient avertis à temps de leurs illusions ou de leurs erreurs.

C'est donc à une œuvre éminemment utile que M. Roques a consacré beaucoup de temps et de zèle. Il n'a pas créé de méthode nouvelle, il n'a rien ajouté aux idées acquises sur la matière, mais il a donné un bon exemple, il a fait une utile propagande, il offre aux agriculteurs des cadres ingénieusement disposés pour faciliter l'analyse des faits agricoles. Le jury, prenant en considération à la fois la grandeur du besoin auquel M. Roques a voulu satisfaire et le mérite de ses travaux, lui accorde une médaille d'argent.

M. DE BASTOULH, *à Pomarède.* — Le domaine de Pomarède, situé à sept kilomètres nord-ouest de Saint-Gaudens, communes de Saux et Pomarède, appartenant à M. Carloman de Bastoulh, se composait autrefois de plus de 500 hectares, dont environ 140 en culture et 375 en landes.

Les communes de Villeneuve de Rivière et de Saint-Ignan possédaient, en vertu d'anciens titres, des droits d'usage assez étendus sur les landes. Gêné par l'usage de ces servitudes, par l'abus qui en est presque toujours inséparable, M. C. de Bastoulh engagea contre les communes usagères une instance en cantonnement, qui se termina, après de longs débats, par l'attribution définitive et en toute propriété de 192 hectares 50 ares de landes aux communes et de 164 hectares 90 ares au propriétaire de Pomarède. Les bornes ayant été posées immédiatement, M. de Bastoulh, désormais libre dans la direction de ses travaux, entreprit le défrichement et la mise en culture de ses landes, opération longue et difficile qu'il a poursuivie sans relâche, réalisée en partie, et sur laquelle il a désiré faire porter exclusivement l'examen du jury.

Cent hectares ont été successivement défrichés; les céréales, les prés, les vignes, les bois ont remplacé les bruyères, les genêts, les genévriers et les fougères qui les couvraient.

Le domaine de Pomarède, assis sur les premiers soulèvements des Pyrénées, présente une configuration très-accidentée. Les terres défrichées sont situées en partie au sud du château, dans une vallée dont le sol est argilo-calcaire, en partie au nord, sur des coteaux argilo-siliceux. Cette dernière partie est la plus étendue, c'est aussi celle que la bêche et la charrue ont le plus récemment attaquée; de vastes landes y sont encore livrées à la dépaissance et au parcours du bétail. M. de Bastoulh a tracé, pour l'exploitation de cette partie du domaine, trois routes parallèles d'un développement total de 3,000 mètres, dont 2,500 sont achevés et en bon état d'entretien. Au bord de ces routes, des plantations de chênes en alignement ont été faites avec un succès remarquable. Les terres argilo-siliceuses ont été amendées heureusement par la marne et la chaux; elles sont consacrées aux céréales; mais leur aspect prouve que la nature résiste encore à la culture, et que, dans cette lutte, elle est encore loin d'être complètement domptée.

Dans la vallée, au sud, l'œuvre est beaucoup plus avancée et les résultats sont mieux confirmés. Après avoir été cultivée en céréales et fourrages, et soumise à de fréquents labours pendant huit ou dix ans, la terre a reçu diverses destinations définitives. 15 hectares de vignes ont été plantées dans des expositions favorables et sont aujourd'hui en plein rapport. Sur les pentes les plus rapides, des plantations de bois ont été faites; les châtaigniers et les chênes ont très-bien réussi; les pins sont venus, mais leur état indique qu'ils n'ont pas rencontré le terrain qui leur convient le mieux. Dans la partie inférieure de la vallée, des prairies naturelles d'une étendue de 18 hectares ont été créées et présentent un nivellement, une végétation, un choix de plantes satisfaisants. Le produit de ces herbages va encore être augmenté par l'effet d'une amélioration que M. de Bastoulh vient de réaliser. Il a arrêté par un barrage les eaux d'un ruisseau, et les a forcées de s'engager dans un canal de niveau qui borde les prairies sur une longueur de plus de 1,000 mètres, et d'où elles sont facilement déversées sur les points que l'on veut irriguer.

Les travaux accomplis à Pomarède ont considérablement accru la quantité des produits du sol. Le revenu, qui était originairement de 4,520 fr. par bail, s'élève aujourd'hui à 12 ou 14,000 fr. Huit fermes ont été successivement bâties pour les besoins nouveaux de l'exploitation. Chacune d'elles contient deux paires de bœufs, trois vaches, cinq taureaux ou élèves, cinquante à soixante bêtes à laine, et deux truies portières. L'augmentation du produit des prairies va entraîner un nouvel accroissement du bétail entretenu sur le domaine.

L'entreprise de M. de Bastoulh a été poursuivie au milieu de circonstances assez difficiles, loin des grands centres, dans une contrée où la population clairsemée est encore diminuée par une émigration périodique dans la saison la plus favorable aux travaux.

Le jury a pensé que le fait agricole dont nous venons d'esquisser les détails méritait d'être signalé par une récompense, et il a attribué à M. Carloman de Bastoulh une médaille d'argent.

M. Lajaunie, *à Cintegabelle.* — M. Lajaunie exploite comme propriétaire, le domaine de Cornus, situé dans la commune de Cintegabelle, chef-lieu de canton de l'arrondissement de Muret.

Ce domaine, situé dans les coteaux du Lauraguais, est placé dans les conditions ordinaires de la contrée : sol généralement argilo-calcaire, quelquefois argilo-siliceux; sous-sol marneux ou rocheux, souvent imperméable; configuration accidentée et pentes rapides; eaux rares; fertilité moyenne et aptitude spéciale à la production des grains. La contenance totale est de 43 hectares à peu près en un seul tenant et divisés en 37 hectares de terres arables, 2 hectares 20 de prés, 2 hectares 82 de bois, pépinières et bordures plantées, 1 hectare bâtiments, jardin, cour et routes.

Le chemin de Cintegabelle à Nailloux traverse une des extrémités du domaine, et assure une communication facile avec ces deux localités où s'écoulent les produits. Mais le centre de l'exploitation, situé à 800 mètres de ce chemin, ne s'y reliait que par une voie difficile et souvent impraticable. M. Lajaunie a tracé sur ses terres un embranchement suivant une pente régulière, et l'a graduellement amené, à l'aide des seules ressources du domaine, à un bon état d'entretien. Tous les autres chemins du pays sont détestables.

M. Lajaunie suit l'assolement triennal. Voici quelles étaient ses diverses cultures au moment de la visite : Première sole : blé, 10 hectares; — deuxième sole : maïs, 6 hectares; avoine, 2 hectares 50; pommes de terre, haricots, fèves, lin, 1 hectare 50; — troisième sole : vesces, 5 hectares; trèfle et sainfoin, 1 hectare; betteraves, 55 ares; jachère morte, 1 hectare 45; en dehors des soles : sainfoin et luzerne, 2 hectares 50; maïs fourrage en ligne, 1 hectare 50. Sauf quelques blés un peu clairs, une avoine d'hiver maigre, et quelques betteraves manquées, l'ensemble de ces récoltes était satisfaisant et indiquait une culture soignée; les fourrages étaient surtout réussis, et particulièrement une pièce de maïs pour fourrage en lignes

Les façons des terres sont bien exécutées et multipliées, les labours sont souvent croisés, une partie des terres de la deuxième sole est, chaque année, défoncée par le pelleversage ou par la charrue suivie du grappin.

Le bétail comprenait huit bœufs de travail, un taureau, quatre vaches, quatre génisses ou veaux de race gasconne, quarante brebis lauraguaises (on venait de vendre trente-cinq agneaux), deux juments, trois jeunes mulets, six porcs. Tous ces animaux, en très-bon état, représentaient le poids de trente têtes de gros bétail.

Les bâtiments, réparés depuis quelques années, sont simples, très-bien tenus et très-bien appropriés à leur destination. On y remarque une vaste place à fumier couverte d'une toiture, et un réservoir à purin bien placé pour arroser le tas au moyen d'une écope.

Parmi les instruments d'intérieur, on trouve : un hache-paille, un coupe-racines, un égrenoir à maïs, un ventilateur, un trieur, une bascule. Pour l'extérieur, outre les instruments du pays, on emploie le râteau à cheval. On voudrait des charrues plus puissantes, des rouleaux plus lourds, et des instruments, comme la houe à cheval et le scarificateur, pour les façons rapides.

M. Lajaunie dirige, comme fermier, une exploitation importante dans la plaine. A Cornus, la culture est faite, sous sa surveillance assidue, par quatre maîtres-valets. Ces ouvriers, logés, chauffés, reçoivent ensemble 15 hectolitres blé, 15 hectolitres maïs, 4 hectares de terre pour faire du maïs à moitié, 2 hectares pour faire à moitié des haricots, fèves, lin, pommes de terre, pois, le quart des bénéfices du bétail, la moitié de ceux du troupeau, des porcs et des volailles. Leurs femmes peuvent être occupées sur le domaine à 50 c. par journée.

Un estivandier, non logé, reçoit 1 fr. par jour pour les fauches, et 75 c. pour les autres travaux ; il a 2 hectares de terre à moitié pour maïs et légumes. L'estivandier, l'un des maîtres-valets, quatre de leurs femmes et hommes payés par eux font tous les travaux de la moisson, moyennant le dixième du grain.

Ce personnel suffit à tous les travaux ordinaires aussi bien qu'à ceux d'amélioration foncière qui se poursuivent incessamment.

Ces travaux ont eu pour objet : la réparation des bâtiments, l'établissement de la route, le défoncement successif des terres, le marnage à raison de 280 mètres cubes à l'hectare, le drainage de toutes les parties humides, soit avec des pierres, soit avec des tuyaux, le repeuplement des clairières d'un petit bois, la plantation de huit mille pieds d'arbres le long des bordures extérieures du domaine. Le drainage, ayant fourni un écoulement permanent, a permis d'établir des abreuvoirs d'eau vive, et donné le moyen d'entreprendre l'irrigation par reprise d'eau d'une petite prairie créée à cette intention sur la pente d'un ravin. Cette petite entreprise promet un succès qui sera d'un bon exemple. Tous ces travaux d'amélioration sont bien conçus et exécutés avec soin et économie. Ils ont sensiblement augmenté la valeur du domaine sans occasionner de dépenses extraordinaires, car ils ont toujours été portés au compte de la culture annuelle et soldés sur les revenus.

Le rendement du blé s'est élevé et atteint aujourd'hui 24 hectolitres à l'hectare, celui du maïs 30 hectolitres, celui de l'avoine 35.

Ces résultats se traduisent par l'élévation continue des revenus. Le produit du domaine dans les dix dernières années a été de 50 p. 100 plus élevé qu'il ne l'avait été dans les dix années précédentes. Le revenu net, qui avait été, en 1857, de 2,426 fr., a été de 6,200 fr. en 1866. La valeur vénale était de 30,000 fr. en 1831, elle a été évaluée en partage à 60,000 fr. en 1857, aujourd'hui elle correspond à un revenu net moyen de 5,000 fr.

Tels sont les résultats bien acquis, constatés par une comptabilité très-simple, mais claire et exacte, que M. Lajaunie a réalisés à peu de frais et sans changer brusquement les usages du pays. Cet exemple, si bien à la portée de tous les moyens propriétaires du Lauraguais, a paru mériter d'être mis en lumière, et le jury a accordé à M. Lajaunie une médaille d'argent.

M. Abadie, *à Beaumont-sur-Lèze.* — M. Abadie présente

au concours le domaine de Pellepoix dont il est propriétaire, et celui d'Arleinx qu'il exploite comme fermier. Ces deux domaines sont situés dans la commune de Beaumont-sur-Lèze, canton d'Auterive, arrondissement de Muret.

Le domaine d'Arleinx, d'une étendue de 42 hectares, est entièrement formé par les alluvions de la Lèze. M. Abadie afferme Arleinx au prix de 5,000 fr. par an ; il a dû présenter ce domaine au concours en même temps que celui de Pellepoix, parce qu'ils sont tous les deux réunis dans une exploitation comme dans une comptabilité commune. On comprend cependant que M. Abadie n'a pas exécuté, sur les terres d'Arleinx dont il n'est que fermier, toutes les améliorations foncières qu'il a exécutées sur celles de Pellepoix dont il est propriétaire.

Le domaine de Pellepoix contient 149 hectares. La route de Saint-Sulpice à Toulouse le partage, dans sa plus grande largeur, en deux parties à peu près égales ; l'une, formée d'alluvions, s'étend sur les bords de la Lèze, l'autre est situé sur les coteaux argilo-calcaires qui suivent à distance le cours de la rivière ; le sous-sol est partout calcaire et parfois rocheux. L'habitation et le principal centre d'exploitation s'élèvent au centre du domaine, sur la première pente du coteau. La fertilité du sol, bonne sur les hauteurs, exceptionnelle dans la plaine, complète les avantages de cette heureuse disposition topographique.

M. Abadie, ayant acquis ce domaine en 1854, entreprit immédiatement d'en tirer tout le parti possible par un ensemble de mesures vigoureuses dont nous allons voir les résultats.

Les terres arables occupent environ 114 hectares, les prés 5 hectares 60, les vignes 5 hectares 75, les bois 16 hectares 50, et le parc qui entoure l'habitation 7 hectares 40.

Les bois, dont une partie a déjà été défrichée, paraissent destinés à disparaître. Les prés sont de bonne nature. Les vignes montrent une végétation vigoureuse, mais la propreté du sol n'est pas irréprochable.

Les terres arables forment l'objet principal de l'exploitation. L'assolement triennal est suivi dans la plaine. Sur le coteau, les terrains défrichés ne sont pas encore soumis à une rotation régulière. Lors de la visite, les terres portaient : 11 hectares 40 de blé fin, 25 hectares de blé mitadin ou grossaille, dans une partie desquels étaient semés des trèfles et des sainfoins, 16 hectares d'orge, dont 5 hectares 50 semés en luzerne, 6 hectares 10 en avoine, en tout plus de 58 hectares en céréales; 14 hectares 22 en maïs, dont les trois-quarts cultivés à moitié; 22 hectares en luzerne, 8 en sainfoin, 1 hectare 65 en farrouch, 1 hectare 50 en vesces, 2 hectares 25 en fèves, 2 hectares 25 en pommes de terre et légumes, 56 ares en topinambours, et 2 hectares 30 en jachère marnée et fumée.

L'état de ces récoltes, en général très-bon, donne lieu pourtant à quelques observations : la propreté des champs de blé, sur le coteau, était insuffisante; dans la plaine, les blés fins ont paru inférieurs aux blés barbus; l'avoine semée sur betteraves était très-belle, celle faite sur orge médiocre; les maïs sont bons, buttés à la charrue même dans la culture à moitié, par suite d'un accord entre le propriétaire et les maîtres-valets qui remplacent par des prestations en travail le buttage à la main; les fourrages, non exempts de mauvaises herbes sur les coteaux, sont beaux dans la plaine, où se faisaient surtout remarquer plusieurs champs contigus de luzernes de divers âges, formant à l'œil un seul tapis épais et verdoyant d'une étendue de 24 hectares.

Le bétail est naturellement en rapport avec l'importance des cultures fourragères. Les bêtes bovines, de race gasconne et saint-gironnaise, sont : seize bœufs de travail, trente-huit bœufs d'élève, quatorze vaches, huit génisses ou veaux. Le troupeau de race lauraguaise compte deux béliers, cent quarante-deux brebis et cent six agneaux. Deux chevaux sont réservés pour l'usage du maître; cinq juments et une mule servent aux travaux ou à la reproduction; on élève deux poulains et deux jeunes mules; enfin, neuf porcs sont nourris dans les métairies. Le poids total peut être évalué au poids normal de cent têtes de bétail. Les animaux sont bien choisis et bien nourris. M. Abadie se loue beaucoup de l'usage qu'il a adopté de faire consommer pendant l'hiver les tiges de maïs, divisées par le hache-paille, mélangées aux balles de blé et arrosées avec de l'eau salée.

Les constructions sont belles et vastes, à l'exception de la bergerie trop étroite et peu aérée. Un grand bâtiment auprès du château a été heureusement disposé pour une écurie, des chais, des greniers, une forge, etc. On remarque surtout une construction élevée par M. Abadie dans les plus larges proportions, et contenant une étable et un hangar à fourrages. L'étable a 50 mètres de long sur 10 de large; elle est percée de grandes portes charretières, et contient un abreuvoir alimenté par un bassin extérieur où se réunissent des eaux de drainage. Cette étable est parfaitement disposée pour le bien-être des animaux et la facilité du service; on ne peut lui reprocher que le marchepied établi devant la crèche. Sous le même toit se trouve le hangar à fourrages qui mesure 50 mètres de longueur, 12 de largeur et 10 de hauteur; malgré les immenses proportions de ce hangar, M. Abadie a eu souvent la satisfaction de le voir rempli jusqu'au faîte par ses provisions de fourrages.

La fosse à fumier, vaste et couverte d'une toiture, est placée à côté de l'écurie et de l'étable, mais le réservoir à purin est insuffisant, et l'arrosage du fumier ne paraît pas pratiqué régulièrement.

On répand, chaque année, sur les prairies artificielles, 400 quintaux de plâtre.

Les instruments sont très-nombreux, plusieurs sont des modèles les plus perfectionnés et en partie d'origine anglaise, mais il semble que l'habitude a ramené le plus souvent à l'emploi des instruments du pays. M. Abadie a fait construire une sorte de scarificateur qui lui sert à couvrir ses semences avec rapidité et économie. Il possède une batteuse à manége, deux faucheuses, deux râteaux à cheval, un rouleau Crosskill, vingt charrues Rouquet, Vignes et autres, une fouilleuse, deux grappins, un buttoir, un tourne-oreille, des herses de diverses formes, de nombreux véhicules et tous les instruments d'intérieur nécessaires.

Le personnel attaché à l'exploitation est logé dans le bâtiment central et dans les métairies. Le régisseur et sa femme gagés ensemble à 600 fr., un vacher à 400 fr., un roulier et un palefrenier à 375 fr. chacun, sont nourris aux frais du propriétaire. Le berger reçoit 100 fr. en argent, 10 hectolitres blé, 10 hectolitres maïs et 50 c. par agneau. Les maîtres-valets ont 100 fr., un arpent de terre ($0^h56,90$) pour cultiver du maïs à moitié, un peu de terre pour légumes à moitié, trois porcs, vingt-quatre oisons, et les poules et dindons également à moitié.

Comme améliorations foncières, on doit compter les défoncements, les défrichements de bois, le marnage des terres non calcaires par l'emploi de 175 mètres cubes par hectare, mais il faut surtout signaler le drainage. Cette opération, exécutée de 1856 à 1859, a nécessité le placement de cent un mille sept cent quatorze tuyaux, lesquels ont coûté 3,831 fr.; les frais de main-d'œuvre ont élevé la dépense totale à 6,891 fr. Les résultats de ce travail ont été très-avantageux : tous les naissants d'eau qui suintaient sur les pentes des coteaux ont cessé de nuire aux récoltes et fournissent une eau excellente pour abreuver le bétail; les nombreux fossés qui divisaient les terres de la manière la plus incommode pour la culture ont pu être supprimés, et par suite on a pu, dans la plaine, former cinq beaux champs réguliers à la place de quarante-huit pièces mal configurées, rendre à la culture 2 hectares 50 de terrain représentant une valeur de 12,500 fr., supprimer les frais de curage des fossés, et faciliter les labours et les transports.

Les produits du domaine sont : principalement, le blé, le maïs, l'avoine, l'orge et les animaux de croît; accessoirement, le vin, le bois et les légumes. Enfin la haute production des prairies artificielles et l'emploi des tiges du maïs pour la nourriture du bétail permettent de vendre annuellement 800 à 1,000 quintaux de fourrages secs et 30 à 40 quintaux de graine de luzerne et de trèfle.

Une comptabilité, tenue avec soin, mais d'après une méthode imparfaite, indique pour les cinq dernières années un revenu net moyen de 22,828 fr. La spéculation sur le bétail, qui n'existait pas sur le domaine avant M. Abadie, a donné les résultats suivants depuis le 1er janvier 1858, époque à laquelle les grands travaux d'amélioration ont pu produire leurs effets, jusqu'au 31 décembre 1866 : Valeur du cheptel au début, 7,050 fr. ; valeur à la fin de cette période de neuf ans, 29,120 fr.; bénéfice d'inventaire, 22,070 fr.; ventes pendant les neuf années, 43,459 fr. ; produit total, 65,529 fr., soit, par an, 7,281 fr.

Une grande administration bien conduite, de belles constructions, une culture dans la voie du progrès, des améliorations foncières bien conçues, méritent une récompense élevée. Le jury accorde à M. Abadie une médaille d'or.

M. le marquis d'Hautpoul, *à Seyre.* — M. le marquis d'Hautpoul est devenu propriétaire en 1850, par suite de partage, du domaine de Seyre, commune du même nom, canton de Nailloux, arrondissement de Villefranche.

Ce domaine occupe des coteaux rapides et élevés du Lauraguais; le sol est argilo-calcaire dans les expositions du midi, silicéo-calcaire dans celles du nord, et repose sur un sous-sol calcaire. L'étendue totale est de 280 hectares, d'une forme compacte, avec quelques enclaves, et divisés en 243 hectares de terres arables, 3 hectares 50 de prairies, 10 hectares 67 de vignes et 23 hectares 70 de bois.

M. d'Hautpoul trouvait, en 1850, une terre partout négligée, inculte dans quelques-unes de ses parties, exposée à des vents violents, presque partout désolée par la sécheresse, ailleurs fatiguée par les eaux stagnantes; il pensa néanmoins qu'elle possédait des ressources naturelles dont il était possible de tirer parti. Il entreprit cette œuvre difficile, et, s'y attachant de plus en plus, il fit de Seyre la résidence de sa famille pendant une partie de l'année, et y construisit un vaste château sur un point élevé dont l'horizon est fermé au loin, d'un côté par la chaîne des Pyrénées, de l'autre par la montagne Noire.

La terre de Seyre comprend sept métairies exploitées par des maîtres-valets, placés sous la direction d'un régisseur et intéressés à la culture dans la proportion d'un dixième pour les céréales et de moitié pour les maïs. Les journées, pour les travaux en dehors des cultures ordinaires, leur sont payées 1 fr., et celles des femmes de leurs familles, 60 c.

Les bâtiments sont dans un état satisfaisant. Une métairie, celle de Lantanet, a été entièrement construite à neuf; les autres ont été réparées et agrandies; toutes offrent pour les familles des cultivateurs, pour les animaux et pour les fourrages, des constructions d'une grande simplicité, mais saines et commodes. De très-beaux greniers existent au centre de l'exploitation

L'assolement triennal est suivi en principe, mais il subit de fréquentes modifications, et le développement donné aux plantes sarclées et aux fourrages y laisse une bien petite place à la jachère morte.

Au moment de la visite, les blés qui occupaient 77 hectares étaient, selon les métairies, passables, bons ou très-bons. 3 hectares en avoine d'hiver, 14 hectares 50 de betteraves, 8 hectares de pommes de terre, 1 hectare de topinambours, 8 hectares de haricots faits à moitié sur fumure, 15 hectares de fèves à moitié, présentaient un assez bon état de culture et de végétation. Les fourrages couvraient 119 hectares 60 en trèfle de Hollande, trèfle incarnat, maïs, vesces, sainfoin et luzerne, et, sauf des trèfles de deux ans qui n'étaient ni beaux ni propres, étaient assez bien réussis. Les maïs étaient bons, surtout des maïs fumés faits pour le compte du propriétaire. En cultures industrielles, on trouvait 1 hectare de lin fait à moitié, et un essai réussi de colza sur 50 ares. Le vignoble paraît en bon état de production, mais n'est pas exempt de chiendent. Dans l'ensemble, l'état des récoltes est celui de la bonne culture du pays.

Les fumiers sont recueillis dans chaque métairie dans des fosses creusées dans l'argile, sans réservoir à purin. On emploie régulièrement le plâtre et la marne. Il a été fait quelques essais, sans importance, d'engrais industriels.

Les labours sont faits avec la charrue Rouquet à pointes, les hersages avec des herses à lames, le roulage avec les rouleaux ordinaires, le buttage du maïs à la main ou avec l'araire romaine, les binages à la main, la moisson à la grande faux, et le battage au rouleau. Dans chaque métairie, on conserve les pailles en meules élevées avec un art remarquable, pour éviter les mauvais effets du vent.

Le cheptel vivant se compose de trente bœufs de travail, trente vaches et soixante-deux élèves des races gasconne et bazadaise, soit pures, soit croisées entre elles, de trois cent quatre-vingt-quatre bêtes à laine lauraguaises, de deux chevaux de luxe, de onze chevaux de travail, de deux mules et de trente porcs.

Les animaux de l'espèce bovine sont d'un très-bon choix, très-bien tenus, quelques-uns très-remarquables et justement récompensés dans les concours; les bêtes à laine, sauf celles dont l'engraissement était commencé, se montraient assez peu favorablement.

Des travaux d'amélioration foncière considérables ont profondément changé le premier état du domaine. Par suite de l'imperméabilité du sous-sol, les meilleures terres étaient celles qui donnaient le plus faible produit. Le drainage, fait sur 57 hectares, d'après les plans du service hydraulique des ponts-et-chaussées, au prix moyen de 25 c. par mètre courant, a complètement assaini le sol et fonctionne encore parfaitement sur les parties exécutées au début de l'entreprise, il y a plus de douze ans. Le défoncement fait à la pelle-verse à deux pointes par les ouvriers du pays, moyennant la concession de la récolte suivante dans une proportion variant du quart à la totalité selon l'état de la terre, a été successivement exécuté sur 158 hectares. Des transports de terre, quelquefois assez considérables pour créer une nouvelle couche arable de 10 centimètres de profondeur, ont été faits sur plus de 54 hectares. Enfin, on a exécuté de grands défrichements, notamment celui de 37 hectares de terres autrefois incultes qui forment aujourd'hui la métairie de Lantanet.

Toutes les parties du domaine ont été mises en rapport et portées à un degré de fertilité exprimé par des récoltes de blé de 20 à 22 hectolitres à l'hectare. En 1866, la part du propriétaire en grains à vendre a été de 1,250 hectolitres de blé et de 950 hectolitres de maïs.

Les résultats financiers d'une administration aussi progressive sont établis par des livres bien tenus par le régisseur et comprenant des inventaires. Le revenu net moyen a été de 25,897 fr. dans la période quinquennale de 1851 à 1856, de 29,503 fr. de 1856 à 1861, de 39,129 fr. de 1861 à 1866. L'année 1866 a donné 4,830 fr. d'excédant de recettes, et 57,269 fr. de bénéfice d'inventaire; résultat exceptionnel qui s'explique par la hausse des céréales, car les blés en magasin, portés à l'inventaire d'entrée pour 17 fr. l'hectolitre, figurent pour 25 fr. l'hect. à l'inventaire de fin d'année.

La valeur capitale du domaine, fixée à 450,000 fr. par le partage de 1850, s'est accrue du montant des dépenses d'amélioration foncière évalué à 100,000 fr. Bien que le prix de revient de la terre ait été encore fort élevé par la construction du château, les revenus constatés prouvent que l'entreprise a été fructueuse, et l'on ne doit point s'étonner, ni de ce que l'on ait offert 750,000 fr. du domaine de Seyre, ni de ce que le propriétaire n'ait pas été tenté d'accepter ce prix.

M. le marquis d'Hautpoul a donc accompli une œuvre utile et profitable. Les importants résultats qu'il a obtenus par de grands travaux d'amélioration foncière, notamment la création sur un défrichement d'une métairie de 37 hectares, ont paru au jury mériter d'être récompensés par une médaille d'or.

M. Théron de Montaugé, *à Périole.* — M. Théron de Montaugé possède et exploite directement, à la porte de Toulouse, une propriété patrimoniale, appelée Périole, qu'il a déjà présentée au concours de 1860 où elle a mérité une médaille d'or.

Le domaine de Périole, situé dans les communes de Toulouse et de Balma, s'étend sur la rive droite du L'hers et sur les coteaux qui dominent la vallée. Le sol est sur le coteau argilo-calcaire avec sous-sol calcaire, dans la plaine argilo-siliceux et argileux avec sous-sol argileux. L'étendue, augmentée de 18 hectares depuis le concours de 1860, est de 116 hectares divisés en : terres arables, 91 hectares 54 ; prés, 13 hectares 08 ; parc, 3 hectares; bâtiments, chemins, cours, ruisseaux, 3 hectares 50; terres affermées, 5 hectares.

L'exploitation se fait par maîtres-valets et agents intéressés. Un régisseur, un chef de culture, deux maîtres-valets, trois solatiers, un vacher, un berger, un roulier, un forgeron, sont employés sur le domaine avec leurs familles. Le régisseur touche, outre ses gages, 3 p. 100 sur le revenu net; les maîtres-valets reçoivent une rétribution en nature et des terres pour cultiver à moitié le maïs et quelques légumes; les solatiers font tous les travaux de la moisson pour le dixième des grains; le vacher et le berger ont chacun le huitième des produits de la vacherie et du troupeau, et participent dans la même proportion à certaines dépenses. Les autres services, à l'année ou à forfait, sont généralement payés en nature. Enfin, les journées fournies par les familles attachées au domaine se paient, pour les hommes, suivant les saisons, 80, 90 centimes et 1 fr.; pour les les femmes, 50, 60 et 75 centimes. Les journaliers étrangers se paient le double, et il est presque impossible, dans la saison des travaux, de s'en procurer.

La proximité d'une grande ville place le domaine de Périole dans des conditions spéciales dont un propriétaire intelligent a dû tenir compte dans l'organisation de son entreprise et dans le choix de ses spéculations. Nous trouverons dans l'examen des faits de l'exploitation les conséquences de cette situation particulière.

Les terres susceptibles d'assolement comprennent 91 hectares 64; mais, si l'on en déduit les luzernes, les pâtures et les clos irrigués réservés à des cultures spéciales, il reste 57 hectares 25 pour la culture alterne. L'assolement suivi est quadriennal et comprend : 1° une sole fumée, excepté sur les défrichements de luzerne, recevant des plantes sarclées, du seigle pour fourrage, des vesces mêlées d'avoine, du farrouch, du maïs-fourrage, en ligne et fumé sur le farrouch; 2° la sole de blé; 3° une sole de fourrages, trèfles ou sainfoins, et quelquefois des plantes sarclées fumées; 4° une sole de céréales, blé, avoine sur les trèfles, orge sur les meilleures terres. M. Théron de Montaugé a commencé à essayer comparativement un assolement dont il attend de bons effets, et qui donne la rotation suivante : 1° avoine fumée; 2° trèfle, conservé quelquefois deux ans; 3° maïs; 4° blé.

A l'exception de quelques froments faibles et clairs, de trèfles de deux ans envahis par les herbes adventices, ces diverses récoltes nous ont paru dans un bon état ordinaire.

Les luzernes, qui sont successivement faites sur des terres arables retirées pour quelques années de l'assolement régulier, occupent 24 hectares 32. La culture de cette plante n'a pas seulement pour but de fournir à l'alimentation d'un nombreux bétail, elle devient une source de profits considérables par suite du haut prix de ce fourrage sur le marché de Toulouse. 11 à 12 hectares sont affermés chaque année au prix moyen de 350 fr. l'hectare. Une plante aussi précieuse ne saurait recevoir trop de soins. Les terres destinées à la luzerne sont défoncées par une charrue suivie d'un grappin; si le sous-sol est très-compacte, on emploie une charrue défonceuse suivie de seize hommes qui approfondissent le sillon de 15 centimètres. La fumure préparatoire n'est jamais moindre de 40,000 kil. à l'hectare. La superficie du champ est ensuite ameublie par des labours légers et des hersages, puis la graine est répandue à raison de 25 kil. à l'hectare. Les travaux annuels consistent ensuite dans l'entretien scrupuleux des raies d'écoulement, l'étaupinage et le plâtrage à 500 kil. à l'hectare. Les luzernes nous ont paru généralement belles; seulement l'état de quelques pièces nous porte à penser qu'on les fait durer trop longtemps.

L'existence d'une nappe d'eau dans la partie inférieure du sous-sol de la vallée a été utilisée avec beaucoup de succès pour l'arrosage des terres. Déjà un puits à noria fonctionnait en 1860; depuis lors, trois autres ont été établis. Deux de ces puits arrosent 5 hectares 73 de terres qui ont été affermées à des maraîchers au prix de 350 fr. l'hectare. Un autre puits, creusé dans le voisinage de la ferme, sert à tous les usages domestiques et à la culture d'un hectare de jardin. Le quatrième, qui est le plus abondant, verse ses eaux dans des conduits en maçonnerie qui permettent l'irrigation de toutes les parties d'une surface de 4 hectares, dont chaque année alternativement une moitié porte des betteraves, l'autre du maïs-fourrage en lignes semé après une récolte de dragée ou fourrages verts de premier printemps. Les betteraves et le maïs sont semés sur billons espacés de 70 centimètres; l'eau court au fond des raies, mais chaque raie arrosée alterne avec une raie qui ne l'est pas, de sorte que chaque billon reçoit l'eau par un de ses côtés. Nous avons vu avec quelle facilité et quelle abondance se pratiquait l'irrigation, et nous avons apprécié ses excellents effets par la végétation luxuriante des maïs et des betteraves. Le terrain était maintenu meuble et propre par la houe à cheval.

Les prairies naturelles d'une étendue de 13 hectares 08 sont de bonne nature et peuvent être fertilisées par les eaux. Les unes sur les bords du L'hers sont disposées pour l'irrigation par submersion; l'évacuation facile des eaux d'arrosage est assurée, et une digue met à l'abri des crues du L'hers. Les autres ont été créées sur les deux rives du petit ruisseau de Laguarrigue; un barrage qui élève de 2 mètres les eaux du ruisseau, un double système de rigoles distantes de 10 mètres dans chaque sens, permettent l'irrigation par reprise d'eau dans la saison du printemps. Ces travaux ont doublé le produit des prairies dont une partie peut être affermée chaque année au prix de 200 fr. l'hectare.

Les engrais produits par les animaux de la ferme sont recueillis à la vacherie et aux métairies dans des fosses maçonnées, avec réservoirs et pompes à purin. On emploie tous les ans le plâtre et quelquefois la chaux et la cendre. On profite du voisinage de Toulouse pour acheter une grande quantité de boues de ville, dont le transport se fait à temps perdu, surtout dans l'hiver, et qui, disposées en tas le long des chemins, sont ensuite appliquées aux fourrages et aux prairies.

Les labours sont faits à la charrue en fer à timon raide; on emploie le rouleau Croskill, le rouleau à pointes, l'extirpateur, des herses de divers modèles et quelquefois la houe à cheval. La moisson se fait, soit à la grande faux, soit à la faucille, et, dans ce cas, la paille est sciée à la moitié de sa hauteur; le battage est fait à la machine Pinet. Le râteau à cheval est employé dans les travaux de la fenaison. De bons instruments d'intérieur servent pour la conservation des récoltes et la préparation des fourrages et des semences.

Dix bœufs de la race gasconne, cinq chevaux, trois mulets, deux ânes, donnent la force motrice nécessaire pour la culture, pour les transports et pour le service des norias.

Vingt-trois vaches, un taureau, sept élèves, appartenant à diverses races laitières, occupent la vacherie, construction vaste, salubre, commode, qui existait déjà lors du concours de 1860 et a été un des principaux titres de M. Théron de Montaugé à la récompense qu'il a obtenue. Le lait se débite à Toulouse 20 centimes le litre; les veaux sont vendus à la boucherie, après engraissement, sauf les sujets nécessaires pour le renouvellement de la vacherie. La nourriture des vaches comprend des racines et des fourrages frais en toute saison, et se complète en hiver par les aliments secs, dans la belle saison par le pâturage, et en tout temps par un supplément de farineux.

Le troupeau compte cent quarante brebis lauraguaises et douze élèves de l'année. La laine, les agneaux de lait, le lait vendu à la ville 15 à 20 c. le litre, constituent le profit de la bergerie. Un bélier mérinos-lauraguais, un autre dishley-mauchamp-mérinos, ont été introduits dans le troupeau et ont exercé une certaine influence sur la qualité de la laine et sur l'ampleur des formes.

Douze porcs élevés à moitié par les ouvriers du domaine et deux chevaux de luxe portent à l'équivalent de soixante-dix têtes environ le poids total des animaux entretenus sur le domaine.

Aux travaux d'amélioration foncière que nous avons déjà mentionnés, il faut ajouter quelques travaux de drainage et l'établissement de plusieurs bons chemins.

Les produits de la culture et des diverses spéculations agricoles ont suivi une marche ascendante interrompue seulement par des fléaux accidentels. Le rendement moyen des blés, de 17 hectolitres 53 qu'il était en 1860, s'est élevé à 22 hectolitres 72. Le revenu moyen, qui n'avait pas atteint 13,000 fr. de 1854 à 1860, s'est élevé à 15,750 fr. de 1860 à 1864. Par suite de la crise générale, de la disette des fourrages qui a frappé le pays et d'une grêle désastreuse, ce revenu s'est abaissé à 9,393 fr. 55 en 1864, et à 12,299 fr. 12 en 1866. La moyenne de ces deux années exceptionnellement défavorables donne encore un revenu supérieur à 3 p. 100 du capital foncier évalué à 3,000 fr. l'hectare, et cela, quoique beaucoup de dépenses d'amélioration foncière soient portées aux frais de culture.

Ces chiffres sont fournis par une comptabilité consistant en un livre de caisse tenu par le propriétaire, en un journal où le régisseur mentionne l'emploi des journées, la provenance et la destination des engrais, les semences, les récoltes et la sortie des produits, en livres spéciaux pour la vacherie et pour la bergerie, pour les gages, les créances, etc. Le dépouillement de ces livres permet, au besoin, mais au prix d'un certain travail, de se rendre compte des conditions et des résultats de chaque opération agricole. Un inventaire a été fait au mois de novembre 1866; il serait indispensable qu'il fût dressé chaque année à l'époque fixée pour l'ouverture des comptes, c'est-à-dire au 1er juillet.

On voit que M. Théron de Montaugé a continué à marcher avec prudence dans la voie du progrès. Il a perfectionné tous les détails de son exploitation, augmenté ses rendements, développé l'excellente pratique des irrigations. Le jury a pensé qu'il était juste de récompenser ses nouveaux efforts par une haute récompense, et lui accorde une médaille d'or grand module.

M. E. DE CAPÈLE, *à Noé*. — M. Edmond de Capèle exploite comme propriétaire, depuis 1837, un domaine situé dans les communes de Noé, Lacasse et Longages, canton de Carbonne et de Muret, arrondissement de Muret.

L'habitation et le principal centre d'exploitation se trouvent à Noé, auprès de la route impériale nº 125, à 300 mètres de la Garonne, à un kilomètre de la gare de Longages, où l'on parvient par un chemin de grande communication qui longe la propriété au midi. Depuis Noé, le domaine étend vers l'ouest et sans aucune interruption les trois métairies dont il est composé. La surface totale est de 130 hectares 20, divisés en 56 hectares 59 de vignes, 53 hectares 49 de terres arables, 6 hectares 05 en luzerne, 7 hectares 12 en prés, 2 hectares 94 en bois, 4 hectares en bâtiments, jardins, cours et routes.

Le sol est argilo-siliceux, de plus en plus argileux à mesure que l'on avance vers l'ouest; on trouve dans le sous-sol d'abord un poudingue graveleux, puis une couche de sable mêlé de galets superposée à un banc de marne. Une nappe d'eau maintenue par la marne existe dans la couche de sable et vient quelquefois former des sources à la superficie du sol. Un ruisseau formé par ces sources, la Rabe, coule dans un vallon qui traverse le domaine du sud au nord et sépare deux plateaux à pente insensible.

Les agents de l'exploitation sont des maîtres-valets et des solatiers. Chacune des trois métairies loge deux maîtres-valets avec leurs familles. Le travail est fait dans deux des métairies au moyen de bœufs, dans la troisième par des mulets. Chaque maître-valet reçoit 10 hectolitres de blé, 1 hectolitre de premier vin, 1 hectolitre de vin de presse, 6 hectolitres de piquette, la moitié du bénéfice du bétail et du troupeau, 32 fr. 50 c. d'argent, 3 ou 4 ares de jardin, 40 ares de terre pour légumes avec le fumier nécessaire, la moitié d'un porc élevé sur la métairie, le bois de chauffage et le logement. Ces diverses rétributions peuvent être évaluées en argent à 686 fr. Les muletiers ont une haute paie d'environ 100 fr. Les solatiers font tous les travaux de la moisson depuis le champ jusqu'au grenier et aux meules de paille, et reçoivent le huitième brut du grain. Dans ces conditions, pendant la durée de la moisson qui est d'environ quarante jours, un homme et sa femme peuvent gagner 6 à 7 fr. par jour. En dehors des travaux à forfait, les agents reçoivent par journée et suivant les saisons : les hommes, de 1 fr. à 1 fr. 50 c.; les femmes, de 60 à 75 c.

Les terres arables sont soumises à un assolement quadriennal ainsi réglé : 1° blé fumé; 2° fourrages de printemps, dont moitié en trèfle; 3° avoine; 4° jachère, dont moitié environ en plantes sarclées, en lignes distantes de 1 mètre 60, entre lesquelles on exécute les labours de jachère.

La jachère morte reçoit pendant l'hiver les défoncements, marnages, chaulages et améliorations de toute sorte qui peuvent être nécessaires; elle est fumée de mars en août; on n'y fait jamais moins de quatre labours croisés. La partie consacrée aux plantes sarclées est fumée aussitôt après l'enlèvement des récoltes. Les labours de cette sole ont paru bien exécutés. La partie cultivée comprenait 3 hectares de colza dont les plants avaient été presque tous mangés par les limaçons, 1 hectare 12 de pommes de terre, et 1 hectare 22 de très-bon maïs.

La sole des blés comprenait 15 hectares 15; les champs n'étaient pas très-uniformes, on y trouvait parfois la folle avoine et le chardon, mais l'ensemble était bon et plusieurs parties excellentes.

Les fourrages annuels, soit 3 hectares de trèfle, 3 hectares 50 de vesces, 3 hectares de farrouch, 1 hectare d'orge et seigle, 2 hectares 50 de maïs-fourrage, étaient dans un fort bel état de culture et de végétation.

L'avoine d'hiver, sur 10 hectares 50, et l'orge sur 50 ares, étaient très-beaux.

Les luzernes occupent 6 hectares 05 divisés en trois pièces semées depuis deux, cinq et sept ans, toutes les trois uniformément belles.

Les prairies naturelles, d'une étendue de 7 hectares 12, de bonne nature, ont été améliorées par des travaux d'irrigation très-bien entendus. Les eaux de la Rabe, élevées par un barrage, entrent dans une rigole de niveau qui domine 3 hectares de prairies, et, après avoir suivi des rigoles en pente tracées avec soin, se réunissent dans une rigole d'écoulement qui les rend à leur cours. Aux deux extrémités nord et midi de la prairie, se trouvent deux fossés-mères conduisant au ruisseau les eaux de la plaine supérieure; des dispositions ingénieuses ont permis d'utiliser ces eaux sur les parties hautes de la prairie. Enfin, on a creusé une tranchée de 300 mètres de longueur, sur le flanc du coteau. Dans le banc de marne, un canal en maçonnerie a été construit au fond de la tranchée et couvert de briques posées à sec surmontées d'un lit de gravier, les eaux de la plaine s'infiltrent dans le canal et en sortent par trois ouvertures formant des sources qui ont permis d'établir un bel abreuvoir et des bassins de retenue au moyen desquels on arrose les parties de prairie que les eaux du ruisseau et celles des fossés ne peuvent pas atteindre Ces divers moyens ne peuvent fournir qu'une irrigation temporaire et intermittente qui n'en est pas moins très-avantageuse. La quantité de foin de la première coupe a été fort augmentée, et pendant le reste de la saison les bestiaux trouvent sur la prairie la précieuse ressource d'un pâturage toujours frais.

La vigne occupe la place principale sur les terres et surtout dans les produits du domaine. Sur les 56 hectares 59 qui lui sont consacrés, 25 hectares existaient antérieurement à l'administration de M. de Capèle, 12 hectares ont été plantés par lui sur d'anciennes vignes arrachées, 19 hectares 58 ont été établis sur les parties les plus siliceuses des terres arables où les céréales et les fourrages ne donnaient aucun profit.

Les terrains destinés à recevoir la vigne sont nivelés avec soin pour assurer le facile écoulement des eaux, défoncés par deux labours croisés faits par une charrue à double attelage suivie du grappin, puis fortement fumés, roulés et hersés. On plante en boutures, en rangs distants de 1 mètre 50 et à 90 centimètres dans le rang; on a soin de diriger autant que possible les rangs du levant au couchant, pour que le soleil frappe la terre à toute heure et pour diminuer les effets de la grêle et des vents dominants. On plante dans chaque pièce des cépages mûrissant à la même époque pour pouvoir les vendanger successivement au moment le plus favorable.

La taille se fait de janvier en mars, sur trois branches, à chacune desquelles on laisse deux yeux. La vigne ne reçoit aucune espèce d'échalassement, ni de soutien pour ses pampres.

Les façons annuelles consistent en un labour donné en mars, dont l'effet est de porter la terre au centre de la planche et d'ouvrir un sillon de chaque côté de la vigne, et un labour en mai pour ramener la terre vers les ceps et fermer le sillon. Entre les deux labours, on travaille à la main le terrain que la charrue n'a pu atteindre dans les lignes.

Après le second labour, on butte à la main autour des ceps, on épampre et on soufre.

Les ceps qui viennent à manquer sont remplacés, tant que les vignes sont jeunes, par des plants enracinés; plus tard, par des provins. On fait les provins en décembre.

Aux vendanges, les raisins, ramassés autant que possible en temps sec, sont écrasés par un fouloir placé successivement au-dessus de chaque cuve dans laquelle tombent le moût et le marc. On se sert aussi de foudres pour la fermentation, et alors le fouloir est mis en communication avec ces foudres par des conduits en planches.

L'égrappage était pratiqué autrefois, il donnait un vin plus délicat, mais ce vin se conservait mal et n'était clair qu'après plusieurs soutirages, ce qui ne permettait pas de le vendre à l'époque où le commerce a l'habitude de faire ses achats. On a dû, par suite de ces inconvénients, renoncer à l'égrappage.

On écoule les foudres et les cuves quand le vin commence à s'éclaircir, environ quinze jours après le foulage. On emploie une pompe aspirante et foulante, à laquelle sont ajustés des tuyaux de caoutchouc pour transporter le vin des cuves dans les futailles; par ce moyen, deux hommes peuvent écouler 300 hectolitres dans une journée.

On presse ensuite les marcs, mais on ne mêle pas le vin de presse avec le premier vin, on le clarifie en le faisant fermenter quelques jours dans une cuve à moitié pleine de marc pressé, puis on l'écoule et on l'enfutaille à part. Le marc est de nouveau pressé, mais le vin de ce second pressurage, rude et trouble, est livré à la chaudière.

Le vignoble a produit en moyenne, de 1858 à 1866, 1,142 hectolitres par an, soit un peu plus de 20 hectolitres à l'hectare, et ces vins ont été vendus en moyenne 17 fr. 79 l'hectolitre, soit 20,366 fr. par an. La moyenne des récoltes est peu élevée, eu égard au chiffre de la pleine production, car la grêle, trop fréquente dans la contrée, a frappé le vignoble six fois dans ces neuf années. La plus forte récolte a été de 34 hectolitres 55 à l'hectare, la plus faible de 5 hectolitres 28.

Les procédés de culture de la vigne et de fabrication du vin que nous venons de décrire sont en général conformes aux usages de la contrée; ils se distinguent par une très-grande économie et ont donné des résultats excellents. Si on les compare avec les usages vicieux invétérés dans beaucoup de contrées, on y constate une grande supériorité. Le défoncement complet du terrain, l'emploi de la charrue pour cette opération, la plantation en lignes, l'espacement bien combiné, les façons données par les animaux, sont des procédés excellents. Le foulage de la vendange au-dessus des cuves, l'emploi de la pompe pour l'écoulage, le soin de ne pas mélanger le vin de presse avec le premier vin, doivent être aussi pleinement approuvés. Quelques progrès pourraient encore être tentés : le défoncement du terrain pourrait être fait par une seule opération à la fois plus rapide et plus parfaite avec une charrue spéciale; l'emploi d'instruments appropriés permettrait aussi de tenir à peu de frais le terrain propre et meuble entre la seconde et dernière façon et le moment des vendanges, tandis que dans ce long espace de quatre mois l'aspect de propreté irréprochable que présentaient, au commencement de juin, les vignes de M. de Capèle, comme celles que nous avons traversées dans le pays, doit singulièrement changer. Il n'est pas question de fumures périodiques et régulières; pourtant, l'appauvrissement du sol par l'enlèvement continu de riches récoltes est inévitable et nécessiterait dans un temps donné une réparation difficile et coûteuse, parce qu'elle serait tardive. Nous n'osons pas ajouter que la taille longue appliquée aux meilleurs cépages ajouterait à la fois à l'abondance et à la qualité de la récolte, car il n'est pas moins certain que le palissage, conséquence inévitable de la taille longue, entraînerait des frais considérables d'installation et d'entretien, et changerait le caractère essentiellement économique de la culture. Il ne paraît pas, en effet, possible de traiter la vigne à meilleur marché. Les frais de toute espèce, y compris ceux de vendanges et de cave, atteignent à peine 80 fr. par hectare, à quoi il faut ajouter seulement le prix de revient de deux labours. Si maintenant l'on remarque que le prix élevé des sarments rembourse 16 fr. par hectare, que le vin de presse, non compris dans les produits évalués plus haut, restitue à son tour 10 à 12 fr., si on tient compte de ces deux circonstances, que l'usage de vendre les vins sans logement dispense des lourdes avances de l'achat des futailles, et que la vente s'opère régulièrement dans les six mois qui suivent la récolte, on reconnaîtra que l'ensemble de cette situation, malgré les chances mauvaises des accidents atmosphériques, et surtout des grêles, est exceptionnellement favorable pour le propriétaire.

Le bétail entretenu sur le domaine est assez nombreux, bien choisi et très-bien tenu. Il existe sur la métairie voisine de l'habitation six mulets pour les travaux de la métairie et pour les transports à longue distance de tout le domaine, plus trois jeunes mulets. Dans chacune des deux autres métairies, on tient trois paires de bœufs; deux sont soumises à un travail continu, la troisième sert à les suppléer au besoin. On trouve aussi sur ces métairies : cinq vaches, cinq jeunes bœufs, un bœuf à l'engrais et quatre veaux ou génisses. Toutes les bêtes bovines sont de race gasconne; la spéculation à laquelle elles donnent lieu est d'une importance secondaire et d'une introduction très-récente sur le domaine.

Les troupeaux, de race lauraguaise, comprennent cent dix bêtes, y compris les agneaux qui sont vendus en octobre. Les marcs de raisin sont employés pendant l'hiver pour compléter les rations des bêtes à laine.

Les bâtiments des métairies sont anciens, mais réparés, agrandis, bien appropriés et très-bien tenus. Les fumiers sont recueillis dans des fosses creusées à 1 mètre de profondeur et abritées par des arbres, mais sans réservoirs à purin. Du reste, pendant l'été, les fumiers sont pris sous les animaux pour être portés aux champs. Deux grands hangars ont été construits, l'un pour recevoir les gerbes, l'autre pour les réserves de fourrages. Les bâtiments pour l'exploitation du vignoble consistent en un cuvier muni de quatre cuves, et en un chai ou cave d'une longueur de 30 mètres situé au-dessous du cuvier, et dans lequel sont placés, sur deux rangs, vingt-huit foudres reliés entre eux par un pont suspendu mobile. L'installation de ces locaux est ingénieuse et facilite un travail économique.

Les instruments de la culture, sauf un râteau Howard, sont ceux en usage dans le pays.

Mentionnons aussi une petite magnanerie simplement montée et où les éducations réussissent bien, et un apier, pour l'usage du domaine.

Outre les travaux d'amélioration faits pour les prairies et les vignes, on doit remarquer des plantations de peupliers et d'acacias, l'établissement de bons chemins, l'emploi de la marne à raison de 150 mètres cubes par hectare sur 20 hectares, l'emploi de la chaux à raison de 8,000 kilog. par hectare sur 18 hectares, qui ont assuré le succès des luzernes et profité à toutes les cultures.

La comptabilité est tenue avec soin. Le régisseur remplit des feuilles imprimées bien disposées pour rendre compte de tout ce qui est relatif à la main-d'œuvre. Un livre de caisse mentionne les recettes et les dépenses. Les principaux faits intérieurs sont consignés sur des notes. Il n'est pas fait d'inventaire.

Les revenus sont fournis pour les trois quarts environ par les vignes, pour le reste par les céréales, les bestiaux et produits divers. En 1865-1866, année marquée par deux grêles, nous trouvons 30,455 fr. de recettes, 16,917 fr. de dépenses, 13,538 fr. de revenus. Du 1er juillet 1866 au 1er juin 1867, 42,081 fr. de recettes, 20,461 fr. de dépenses, 21,620 fr. de revenu net.

La situation prospère de l'entreprise n'est pas douteuse. Les circonstances commerciales ont contribué à ce résultat, mais il est juste d'en faire honneur surtout à une administration judicieuse et vigilante. M. de Capèle, ancien élève de l'École polytechnique, ancien officier d'artillerie, apporte, depuis vingt ans, dans la direction de ce domaine, un esprit éclairé, persévérant, vraiment pratique et, avec des vues d'ensemble justes, l'intelligence et le soin des détails. Le jury a sérieusement songé à attribuer la prime d'honneur à cette exploitation bien réglée et productive. Il est juste de rappeler cette circonstance honorable pour M. de Capèle, afin de donner toute la portée qu'elle doit avoir à la récompense qui lui a été définitivement décernée et qui est une médaille d'or grand module.

M. de Sahuqué, *à Rangueil.* — M. Henri de Sahuqué est propriétaire par héritage, depuis 1858, du domaine de Rangueil, situé à 4 kilomètres de Toulouse, des deux côtés de la route impériale du Bas-Languedoc, dans la plaine qui s'étend des coteaux de Pech-David au canal du Midi.

Le sol, argilo-calcaire sur le versant sud du coteau, devient fortement siliceux dans les terrains légers de la plaine où se trouve la plus grande partie de la propriété, et change encore de nature dans les champs qui se rapprochent du canal où l'argile domine. Le sous-sol est siliceux et facilement perméable. Dans la petite partie du coteau où s'étend le domaine les pentes sont prononcées sans être excessives, partout ailleurs elles sont à peine sensibles.

L'étendue totale est de 97 hectares en un seul tenant. Le parc qui entoure le château, les bâtiments, le jardin potager, les chemins occupent 7 hectares; 90 sont consacrés entièrement, sauf une prairie naturelle de 1 hectare 80, à la culture alterne des céréales et des fourrages.

Le principal centre d'exploitation est auprès du château de Rangueil, à l'est de la route impériale; là se trouvent les étables d'élevage, les écuries, les granges et greniers. Une métairie, dite de Ponsan, située à l'extrémité du domaine, à l'ouest de la route et au pied du coteau, contient la bergerie et l'étable des bœufs de travail.

Outre la route impériale qui traverse le domaine, plusieurs bons chemins publics rendent les communications et les transports très-faciles en tout temps.

L'heureuse configuration du domaine, la fertilité du sol, la proximité des débouchés assurent à l'exploitation les conditions les plus favorables.

M. de Sahuqué dirige personnellement l'entreprise; il a sous ses ordres : un chef de manœuvre, quatre bouviers, un roulier, un vacher et deux aides, tous gagés et non intéressés, un berger intéressé et deux journaliers.

Le domaine de Rangueil ne nous est pas présenté, comme livré, avant le propriétaire actuel, à l'incurie ou à l'abandon; il était, au contraire, bien cultivé d'après les usages du pays, et donnait un revenu régulier et satisfaisant. M. de Sahuqué, père du concurrent, en était devenu propriétaire en 1820, au prix de 250,000 fr., et, depuis 1840 surtout, il avait donné ses soins à l'administration de ce domaine. On suivait l'assolement triennal, — blé, maïs, jachère; — trois paires de bœufs, trois mules et cent quarante moutons formaient le cheptel; 6 ou 7 hectares de luzerne avaient été semés; on tirait des fumiers de Toulouse, et en définitive le revenu moyen était de 14,000 fr.

C'est dans ces conditions que Rangueil fut attribué en partage à M. Henri de Sahuqué, en 1858, pour 390,000 fr.

Le point de départ de l'exploitation actuelle est donc l'assolement triennal, modifié par l'introduction de la luzerne et soutenu par des engrais achetés. Après quelques incertitudes, M. de Sahuqué se décida à abandonner définitivement le régime traditionnel et à s'engager dans une voie nouvelle.

Le programme adopté en 1861, et rapidement réalisé, conservait les céréales et les bestiaux comme les deux facteurs du produit net, mais intervertissait les rangs qu'ils avaient occupés jusqu'alors. La production des céréales devait être fort restreinte, surtout dans l'étendue des terres qui lui était consacrée. La spéculation sur le bétail devait être développée dans la plus large mesure, au moyen de l'extension considérable donnée aux fourrages. Par l'abondante production des fumiers et les résultats combinés des cultures de vente et de l'élève des animaux de rente, la terre devait être portée à son maximum de fertilité et le revenu net à son chiffre le plus élevé.

Cette conception culturale, simple, forte, est l'application des principes de l'agriculture moderne, bien à sa place dans un pays à grandes cultures de céréales.

L'assolement substitué à l'ancienne rotation triennale est libre, mais toujours alterne et caractérisé par la prédominance des cultures fourragères. La succession des plantes est déterminée par la nature variable des champs et par des circonstances locales. C'est ainsi que M. de Sahuqué fait toujours ses blés sur ses deux récoltes de fourrages de printemps suivies chacune d'une jachère d'été fortement labourée pour éviter l'envahissement du chiendent, fléau des terres légères. Les récoltes sarclées se trouvent placées après les blés.

Les champs sont grands et de forme régulière; les 90 hectares sont répartis en trente pièces dont la plupart contiguës et séparées par des fossés.

Au moment de la visite, les terres étaient ainsi divisées : blé, 17 hectares 20 ; avoine d'hiver, 8 hectares 31 ; orge de mars, 4 hectares 55 ; seigle, 3 hectares 49 ; maïs, 8 hectares 48 ; soit en tout pour les céréales 42 hectares 04 ; luzerne, 18 hectares 22 ; vieilles luzernes livrées à la dépaissance du troupeau, 4 hectares 70 ; fourrages de printemps, vesces, trèfle incarnat, 13 hectares ; trèfle et sainfoin, 5 hectares ; betteraves, 3 hectares 18 ; pommes de terre, 1 hectare 48 ; maïs-fourrage, 1 hectare 89 ; soit en tout pour les fourrages, 47 hectares 47.

Le jury a été singulièrement frappé de l'état de ces récoltes : les blés étaient magnifiques et faisaient pressentir le rendement de 30 hectolitres à l'hectare qu'ils ont atteint à la moisson ; les avoines, les seigles et les orges étaient excellents ; les luzernes et les fourrages de printemps offraient un aspect luxuriant ; les betteraves très-avancées, les pommes de terre un peu inégales, les maïs-fourrages en lignes, les maïs pour grains, devaient à l'emploi des instruments une propreté irréprochable. Uniforme dans son ensemble, soignée dans tous ses détails, cette culture vraiment remarquable défiait toute comparaison avec tout ce que nous avons eu sous les yeux dans le cours de nos visites.

Les animaux ont mérité, à leur tour, toute l'attention du jury. Le groupe principal, celui qui donne lieu à la spéculation la plus importante, est celui des bêtes d'élevage de l'espèce bovine. Le but principal de l'élevage est la production de sujets d'élite de la race gasconne et de la race garonnaise, très-recherchés dans le département de la Haute-Garonne et dans ceux du Tarn-et-Garonne et du Gers. Huit vaches, des taureaux et des élèves de chacune de ces deux races forment le fonds des étables. Quelques vaches hollandaises et d'Ayr y ont été adjointes, pour suppléer au besoin, par leurs qualités lactifères, à l'insuffisance habituelle des nourrices gasconnes et garonnaises. Au moment de la visite, les étables contenaient : vingt-deux vaches, huit taureaux d'un à deux ans, huit bœufs d'élève, dix veaux et génisses de six mois à un an. Après avoir figuré dans les concours régionaux et dans les concours départementaux, où ils sont habitués à recueillir de nombreuses récompenses, les élèves sont vendus comme reproducteurs à des prix avantageux, souvent aux commissions des sociétés agricoles de la région. Quelques-uns sont conservés pour la reproduction sur le domaine. Enfin, les jeunes taureaux invendus sont castrés et servent à renouveler les attelages. Tous ces animaux sont soumis au régime de la stabulation permanente. Pendant la belle saison, la succession des fourrages ne les laisse jamais manquer de nourriture fraîche. Pendant l'hiver, chacun d'eux reçoit, indépendamment des fourrages secs et des pailles d'orge, des rations de betteraves écrasées et fermentées avec de la paille hachée; des farines de maïs et des tourteaux complètent la ration des animaux à l'engrais.

La branche secondaire de la spéculation animale repose sur le troupeau. Il est divisé en deux parties : l'une, composée de cent soixante brebis lauraguaises, est entretenue pour la vente de la laine, des agneaux de lait produits souvent deux fois par an par les brebis, enfin du lait débité à Toulouse après la vente des agneaux; l'autre, contenant environ quarante têtes, est formée de reproducteurs des races south-down, mérinos et lauraguaise, et destinée soit à l'amélioration du troupeau, soit à la vente de sujets d'élite, après avoir parcouru les concours.

Six chevaux ou mulets, logés à Rangueil, réservés pour les travaux légers et pour les transports, sept paires de bœufs de travail, pour les labours, séjournant à la métairie de Ponsan, trois chevaux de luxe au château, complètént le bétail entretenu sur le domaine, dont l'ensemble représente environ 84 têtes du poids normal de 400 kilos.

L'état de tous ces animaux ne laisse rien à désirer; les bêtes de rente présentent des types de reproducteurs extrêmement remarquables.

A Rangueil, où la stabulation permanente fournit des quantités importantes de fumier, il existe une grande fosse bétonnée et entourée d'un mur de 1 mètre 50, disposition peu commode pour le chargement. Un réservoir étanche, muni d'une pompe, reçoit les purins et les égouts des étables. Pour éviter l'évaporation superficielle, on recouvre les fumiers avec des cendres de chaux. Des dispositions analogues sont prises à Ponsan dans le même objet.

Les bâtiments sont considérables et excellents. La métairie de Ponsan, construite en 1822, est bâtie de trois côtés sur une cour. Les bâtiments latéraux ont été convertis depuis peu d'années en bergeries : un côté est réservé au troupeau de brebis et reçoit à l'aise cent soixante têtes ; de l'autre côté, une bergerie, divisée en compartiments, a été créée avec un certain luxe, et peut commodément loger quarante têtes. Dans l'un et l'autre parc, le sol bétonné et égoutté par des pentes bien réglées, les plafonds établis à une grande élévation, les cheminées d'appel pour la ventilation, réunissent d'excellentes conditions hygiéniques. Il en est de même des étables pour les bœufs de travail. On trouve enfin, à Ponsan, une bonne grange et des logements spacieux et sains pour les bouviers.

A Rangueil, l'ancien parc à moutons a été converti en une bonne écurie pour les chevaux de travail ; les anciens bâtiments ont été très-bien appropriés pour des logements, des greniers et diverses dépendances. Le changement de système de culture a nécessité d'importantes constructions. Un vaste hangar fermé a été élevé pour contenir d'immenses provisions de fourrages, peut-être avec un peu plus de luxe que ne le demandait sa destination. Les étables d'élevage entièrement nouvelles, placées sous l'œil du maître et à portée du hangar, forment les trois côtés d'une cour, et se divisent en cinq parties indépendantes les unes des autres, mais communiquant à volonté. Le sol est bétonné; un caniveau placé derrière les animaux se continue dans les cinq étables, un robinet permet d'y faire couler l'eau nécessaire pour le lavage, l'eau et le purin s'écoulent par une pente régulière dans le bassin placé auprès de la fosse à fumier. A l'une des extrémités du bâtiment, se trouve la chambre dans laquelle on prépare la nourriture; un manége extérieur met en mouvement le dépulpeur et le hache-paille; trois cuves de 1 mètre 50 de diamètre servent au mélange et à la fermentation de la pulpe de betteraves et de la paille hachée; chacune d'elles contient la provision d'une journée. A l'autre extrémité des étables, est située la fosse à fumier.

Le plan, l'état, la tenue de ce bâtiment méritent tous les éloges.

L'amélioration des anciens bâtiments et les constructions nouvelles, aujourd'hui complètement terminées, ont été exécutées graduellement depuis 1861, conformément à un projet étudié et arrêté d'avance. L'enlèvement d'une grande quantité de peupliers plantés autour de tous les champs et dont la venue commençait à contrarier les cultures, a fourni la plus grande partie des bois nécessaires. La somme totale absorbée par ces utiles travaux a été de 43,461 fr. 05.

Pour achever de faire connaître les travaux d'amélioration foncière, il faut rappeler en premier lieu un nivellement général pour assainir les champs en transportant dans leur centre les terres peu à peu accumulées à leurs extrémités. Ce travail a duré plusieurs années; fait par les attelages et les ouvriers gagés, il n'a donné lieu qu'à une dépense spéciale de 4,743 fr. Puis il faut mentionner le drainage d'une pièce de 5 hectares située sur le versant du coteau qui domine la métairie; la nature du sous-sol a rendu nécessaire cette opération sans objet dans le reste du domaine; le résultat a été le parfait assainissement du champ et la création d'une véritable source devenue précieuse pour la métairie.

L'organisation du travail agricole, principalement confié à des journaliers, a rendu très-avantageuse l'introduction des instruments perfectionnés. Des efforts appréciables ont été faits en ce sens, mais ils laissent encore la place à plus d'un progrès. On emploie les charrues Rouquet à âge raide ou brisé, de bonnes herses parallélogrammiques ou à rouleaux, le buttoir Rouquet, le scarificateur, la houe à cheval, le rouleau Guibal et un petit rouleau de bois sans énergie, la machine à battre Cusson, le râteau à cheval, et, dans certains cas, la faucheuse-moissonneuse Peltier.

La comptabilité est établie sur la double base d'un livre de caisse et d'inventaires annuels. Le résultat d'ensemble de chaque année ressort de la combinaison de ces deux livres avec la plus grande facilité et la plus complète certitude.

Il y a bien un livre consacré aux entrées et aux sorties des récoltes; un grand-livre contenant un compte pour chaque branche de l'exploitation; mais les constatations journalières étant insuffisantes, plusieurs des éléments de ces comptes manquent et ne peuvent être suppléés que par des évaluations plus ou moins approximatives. Ce grand-livre ne peut donc être considéré que comme un essai incomplet de comptabilité perfectionnée, et l'on ne peut tenir pour suffisamment établis que les résultats en bloc de chaque exercice.

Cette appréciation de la comptabilité ne s'est pas dégagée avec cette netteté au premier examen. Les comptes du grand-livre avaient jeté quelque trouble et quelque hésitation dans l'esprit des jurés. De nouvelles investigations ont dû être faites après la visite; elles ont eu pour résultat la distinction que l'on vient de lire entre la partie positive et authentique des écritures et les tentatives inutiles et incomplètes de comptes spéciaux et détaillés.

M. H. de Sahuqué prend personnellement peu de part au travail de la comptabilité, il se borne à tenir note des recettes, des dépenses, des entrées et des sorties, et envoie chaque mois ces notes à un comptable chargé des écritures; ce même comptable se rend chaque année sur le domaine pour dresser l'inventaire avec le propriétaire. M. de Sahuqué a fait de son entreprise une œuvre trop personnelle pour négliger un soin aussi important; il ne suffit pas qu'il soit satisfait du résultat d'ensemble, il ne doit pas se fier à son coup-d'œil exercé pour se rendre compte de la valeur relative des diverses branches de son exploitation, une comptabilité complète éclairera sa marche et pourra lui rendre bien des services.

Le livre de caisse et les inventaires suffisent du reste pour montrer la prospérité croissante de l'entreprise. Le domaine, dont le prix avait été fixé en 1858, par un partage, à 390,000 fr., paraît revenir aujourd'hui au prix coûtant de 438,204 fr. 90 c., mais en réalité il a coûté davantage, puisque le capital foncier n'a pas été augmenté chaque année de la valeur des journées d'ouvriers gagés et d'attelages consacrées aux travaux d'amélioration foncière. Ce qui n'est pas douteux, c'est que la valeur du domaine est aujourd'hui notoirement très-supérieure au prix de revient.

Le rendement du blé s'est élevé de 19 à 28 hectolitres à l'hectare; celui du maïs, de 19 à 39 hectolitres; celui de l'avoine, de 28 à 39 hectolitres 20; celui du seigle, de 24 à 35 hectolitres. En 1861, les terres consacrées aux fourrages occupaient 10 hectares 93, nourrissaient difficilement six bœufs, quatre vaches, quatre chevaux et cent cinquante moutons; en 1866, les fourrages s'étendent sur 43 hectares 23, et leurs produits sont tellement abondants, qu'après avoir entretenu dans un état magnifique soixante et une bêtes de l'espèce bovine, six chevaux ou mulets et cent soixante moutons, il est possible d'en vendre un excédant important sur le marché de Toulouse.

En 1861, le revenu avait été de 9,466 fr. 70 c. En 1866, les recettes ont excédé les dépenses de 22,193 fr. 45 c.; d'un autre côté, l'inventaire de fin d'année dépasse celui de l'année précédente de 6,349 fr.; le revenu total s'est donc élevé à 28,539 fr. 45 c.

Une exploitation se développant avec cette ampleur, sans le précieux auxiliaire de la vigne, sans plantes industrielles, sans prairies naturelles, sans dépenses excessives, offre un exemple qui mérite d'être signalé dans une contrée où les céréales et les bestiaux sont encore, malgré l'extension donnée à la culture de la vigne, les principales sources de la production agricole. S'il est vrai que la situation de Rangueil présente des avantages exceptionnels, il ne faut pas oublier que cette situation était la même en 1861, et il faut reconnaître que depuis cette époque la conception nette et l'exécution rapide d'un plan bien conçu ont considérablement élevé les revenus et la valeur du domaine.

Le jury a décerné la prime d'honneur à M. Henri de Sahuqué.

Bordeaux. — Imprimerie générale d'Émile Crugy.

www.ingramcontent.com/pod-product-compliance
Ingram Content Group UK Ltd.
Pitfield, Milton Keynes, MK11 3LW, UK
UKHW020436180726
13839UKWH00004B/1520

9 782329 475707